Bernward Gesang
Perfektionierung des Menschen

W
DE
G

Grundthemen Philosophie

Herausgegeben von
Dieter Birnbacher
Pirmin Stekeler-Weithofer
Holm Tetens

Walter de Gruyter · Berlin · New York

Bernward Gesang

Perfektionierung des Menschen

Walter de Gruyter · Berlin · New York

∞ Gedruckt auf säurefreiem Papier,
das die US-ANSI-Norm über Haltbarkeit erfüllt.

ISBN 978-3-11-019560-6

Bibliografische Information der Deutschen Bibliothek

Die Deutsche Bibliothek verzeichnet diese Publikation in der Deutschen
Nationalbibliographie; detaillierte bibliografische Daten sind im Internet über
http://dnb.ddb.de abrufbar

Printed in Germany

Umschlaggestaltung: +malsy, kommunikation und gestaltung, Willich

Satzherstellung: Fotosatz-Service Köhler GmbH, Würzburg

Druck und buchbinderische Verarbeitung: Druckhaus Thomas Müntzer,
Bad Langensalza

Für Monika

Inhalt

Ich, Ebenbild der Gottheit, das sich schon
Ganz nah gedünkt dem Spiegel ew'ger Wahrheit,
Sein selbst genoß in Himmelsglanz und Klarheit;
Und abgestreift den Erdensohn;
Ich, mehr als Cherub, dessen freie Kraft
Schon durch die Adern der Natur zu fließen
Und, schaffend, Götterleben zu genießen
Sich ahnungsvoll vermaß, wie muß ich's büßen!
Ein Donnerwort hat mich hinweggerafft.
– Goethe, Faust, Der Tragödie erster Teil

Prolog: Ein Blick in die Gegenwart

Felicia ist eine typische amerikanische Studentin. Sie ist fleißig und hofft, in zwei Wochen eine gute Abschlussklausur zu schreiben. Aber es kommt etwas dazwischen, was sie ablenkt und an ihrem Ziel, eine gute Lehrerin zu werden, zweifeln lässt. Sie sieht die erste Folge der neuen Erfolgsserie „The Swan" im Fernsehen. Dort werden Frauen mit kleinen Schönheitsfehlern gesucht, um „aus hässlichen Entlein schöne Schwäne" zu machen. Wenn die Frauen eine Schönheitsoperation durchführen lassen, winkt der Schönsten ein Vertrag als Model. Nun ist die Modelkarriere das, was Felicia immer schon gewünscht hat. Sie ist ein hübsches Mädchen und die Figur wäre für ein Model ideal. Aber ihre Nase, die ist eindeutig zu lang und zu breit. Eine absolute Fehlplanung der Natur. Schon mehrmals hatte Felicia über eine Operation nachgedacht, aber erst jetzt, wo der Zusammenhang von Modelkarriere und Operation ganz direkt vor ihr steht, wird die Versuchung übermächtig. Ein Model wird sicher mehr verdienen als eine Lehrerin und mit ihrer Figur sieht sie den Vertrag bereits in ihrer Tasche. Die Entscheidung, ob sich Felicia anmelden soll, raubt ihr eine Nacht den Schlaf. Dann ruft sie beim Fernsehsender an, soll Bilder einschicken und ist drei Tage später bei einem Casting. Sie wird angenommen und soll einige Tage später in der Sendung im „Normalzustand" mit der hässlichen Nase demonstriert werden. Felicia ist begeistert und fiebert auf diesen Tag hin. Zum Lernen bringt sie keine Konzentration auf. Der große Tag kommt und Felicia erhält einen Operationstermin. Nachdem sie aus dem Studio kommt, werden plötzlich Zweifel wach. Träumt sie da nicht einen naiven Traum? Wird sie es wirklich bis zum Model schaffen? Und was wird sie mit 45 tun? Panik kommt auf. Lehrerin zu werden, wenigstens zur Absicherung, scheint ihr auf einmal wieder unumgänglich. Nun sind es aber nur noch drei Tage bis zur Klausur. Was tun? Jetzt muss sie sich die Nächte um die Ohren schlagen. In der Uni stöhnt sie ihrem Freund Phil ihr Leid vor. Phil lächelt nur und meint, das sei ein Fall für Ritalin. Damit würde man nächtelang voll konzentriert wach bleiben, kein Problem. Felicia lächelt wieder...

Einleitung: Die Rückkehr des Prometheus

> Der Mensch ist etwas, das überwunden werden soll.
> Was habt ihr getan, ihn zu überwinden? Alle Wesen
> bisher schufen etwas über sich hinaus: und ihr wollt
> die Ebbe dieser großen Flut sein? Der Mensch ist ein
> Seil, geknüpft zwischen Tier und Übermensch – ein
> Seil über dem Abgrund. Wehe! Es kommt die Zeit, wo
> der Mensch nicht mehr den Pfeil der Sehnsucht über
> den Menschen hinaus wirft, und die Sehne des Bogens
> verlernt hat, zu schwirren!
> – Friedrich Nietzsche, Also sprach Zarathustra

1. Genug Fähigkeiten. Genug Intelligenz. Genug?

Die Geschichte von Felicia ist keine Science-Fiction Story. „The Swan" läuft in Amerika und Deutschland erfolgreich und Ritalin wird von mehr als sechzehn Prozent der Studenten in den USA benutzt.[1] Noch wirksamere Präparate werden erforscht. In den USA werden deshalb Forderungen nach Dopingtests vor Examina laut. Dabei haben wir gerade erst begonnen, den Menschen selbst technisch zu manipulieren. Sollen wir uns unserer Krankheiten durch gentechnische Eingriffe entledigen? Aber es geht längst um mehr: Sollen wir auch unsere „normalen" Eigenschaften verbessern und so die menschliche Natur neu gestalten, was plötzlich in unserer Macht zu stehen beginnt? Menschen die Infrarotlicht sehen, Genies mit Durchschnitts-IQ von 150 als Normalfall oder Chimären, also Mischwesen aus Menschen und Tieren – wollen wir das? Vieles ist noch Science-Fiction, aber schon jetzt müssen wir entscheiden, ob wir Gedächtnispillen und Stimmungsaufheller für Gesunde zulassen dürfen. Treiben uns unsere uralten Träume von grenzenloser Macht, von Befreiung von Krankheit, Tod und allen Grenzen von Körper und Geist in eine Katastrophe? Oder erwarten uns neue Chancen, wenn wir den Menschen selbst zum Gegenstand der Technik machen?

Dieses Buch will *Enhancement* bewerten. Beabsichtigt ist, dies auf leicht verständliche Weise zu tun, da das Thema sowohl für Ethiker wie auch für ein breiteres Publikum interessant ist. Unter

Enhancement verstehe ich den Versuch einer technischen Verbesserung[2] normaler Eigenschaften des gesunden Menschen durch Eingriffe in dessen Körper. So etwas beginnt mit Schönheitsoperationen und kann mit Chimären enden. Man kann sich vorstellen, Menschen durch Gentechnik, Operationen oder chemische Präparate zu verändern.

Die Debatte über verbesserte Menschen befindet sich noch in der Entwicklung. Der *President's Council on Bioethics* meint sogar in einem Bericht an den Präsidenten der USA aus dem Jahr 2003, es handele sich hier um das am meisten vernachlässigte Gebiet der Bioethik überhaupt.[3] Dabei ist die Ähnlichkeit zu anderen Themen frappierend. Sterbehilfe, Abtreibung, Stammzellforschung, all dies sind bioethische Themen, bei denen keine Einigung in Sicht ist und die uns vor eine kulturelle Zerreißprobe stellen. Hier reiht sich unser Thema nahtlos ein. Zwei Meinungen prallen hart aufeinander. Für die einen gilt uneingeschränkt: „Macht euch die Erde Untertan". Sie wollen den Weg der Technik weiter beschreiten und die Natur so vollständig wie möglich beherrschen. Natur erleben sie vorrangig als eine Grenze. Eine Grenze unserer Freiheit und eine Grenze unseres Körpers, die uns Krankheiten und Tod bringt. Wenn wir die Medizin und andere Wissenschaften schätzen, wieso dann nicht diesen Weg konsequent fortsetzen? Wir haben die Natur in der Geschichte unserer Zivilisation stark verändert und in der westlichen Welt, also da, wo wir die Natur konsequent beherrschen, geht es uns heute besser als je zuvor. Das ist das Fazit auf der einen Seite. Bei uns hungert keiner mehr, viele Seuchen sind verschwunden, die Lebenserwartung steigt stetig – unser Wohlstand hat uns glücklicher gemacht. Wieso fühlen wir uns gleich bedroht, wenn wir das Werk vollenden und auch den Menschen selbst technisch verändern wollen? Davon sind die Vertreter der ersten Seite überzeugt.

Die Kritiker eines „neu entfesselten Prometheus" kommen zu ganz anderen Ergebnissen: Der Mensch hat seit der Neuzeit radikal versucht, die Natur zu unterwerfen und befindet sich heute in einer Krise. Die Natur ist aus dem Gleichgewicht geraten und seit den siebziger Jahren des letzten Jahrhunderts wird uns immer wieder mit guten Gründen eine ökologische Katastrophe prophezeit.[4] Mit Hilfe von Technik werden unsere Atemluft, unser Wasser und unsere Nahrung vergiftet. Die Technik hat uns ungeahnte Dimensionen der Massenvernichtung eröffnet und hätte die Welt im kalten Krieg fast einem atomaren Krieg ausgesetzt. Nun auch noch das Innerste des Menschen der Technik zu unterwerfen, wäre dieser Sicht zufolge unsinnig. Kernenergie, neue Gene in Nahrungsmitteln, Klimawandel – wir können heute schon nicht mehr die vielen Risiken überschauen, denen uns die Technik ausliefert. Wieso also einen völlig unkalkulierbaren neuen Weg einschlagen, der uns nur weiter davon entfernt, unseren Frieden mit der Natur und auch mit uns selbst zu schließen?

Diese beiden extremen Positionen sind ein kleiner Ausschnitt eines größeren Bildes, denn sie kämpfen in wechselnden Gestalten schon seit Jahrhunderten gegeneinander. Die Aufklärer versuchen, uns zu souveränen und autonomen Individuen zu machen. Technik dient ihnen dabei als Mittel, ambitionierte Ziele in die Tat umzusetzen. Die Romantiker beklagen den Verlust unserer Urnatur und kritisieren, dass in der Welt vereinzelter und einsamer Individuen soziale Kälte herrscht. Aber es gibt auch erstaunliche Positionen dazwischen. So erkennen „Technokraten" wie der Zukunftsforscher Ben-Alexander Bohnke eine Krise unserer Zivilisation durchaus an. Bohnke sieht den Menschen durch die zunehmende Zerstörung der Umwelt in Gefahr und will aber nicht diese Zerstörung stoppen, sondern die Menschen immun gegen ihre Wirkungen machen. Gerade vor den großen Problemen, zu denen uns auch unsere Technik geführt hat, sollen wir uns mit noch besserer Technik retten. Und nebenbei die alten Träume der Menschheit erfüllen:

> Ein fortgeschrittenes Ziel ist, sich prinzipiell von den Begrenzungen unseres Körpers zu emanzipieren: seine Leistungsfähigkeit zu erhöhen, von Natur aus mangelhafte Organe gentechnisch zu modifizieren oder durch technisch-elektronische Systeme zu ergänzen bzw. zu ersetzen, vor allem sich von Krankheiten und irgendwann womöglich auch vom Alterungsprozeß und vom Tod zu befreien.[5]

Ist das verblendeter Utopismus oder weist Bohnke uns die Richtung zu einer humanen Zukunft?

Zugleich gibt es Gegner technischer „Supermenschen", die durchaus die Leistungen von Wissenschaft und Technik anerkennen. Aber sie meinen, jetzt sei eine Grenze erreicht: Noch mehr Technik würden wir nicht benötigen. So schreibt der Amerikanische Publizist Bill McKibben:

> Wir müssen die Welt, die wir jetzt bewohnen, überschauen und für gut erklären. Für gut genug. Nicht in jedem Detail; es gibt tausend Verbesserungen, technisch und kulturell, die wir ausführen können und nach wie vor ausführen sollten. Aber gut genug in ihren Kernpunkten. Wir müssen entscheiden, dass die meisten

von uns im Westen lange genug leben. Wir müssen verkünden, dass sich im Westen nur wenige bis auf die Knochen schinden, wir haben Erleichterungen genug. Genug Intelligenz. Genug Fähigkeiten. Genug. Wir brauchen einen neuen Weg, die Gegenwart zu betrachten. Wenn wir sie als ausreichend für unsere Bedürfnisse einstufen, dann können wir vielleicht rauskriegen, wie man diese neuen Techniken und die Risiken, die sie mit sich bringen, vermeiden kann.[6]

Hat McKibben Recht, ist es nun genug? Er meint ganz im Sinne der romantischen Kulturkritik, unsere Zivilisation habe uns vieler Sinnzusammenhänge beraubt, um uns zu Individuen zu machen. Isolierte, kontextlose Individuen, aber immerhin Individuen. Und nun sollen uns technische „Verbesserungen" des Menschen auch noch dieser Individualität berauben, indem genormte, künstliche Menschen „von der Stange" entstehen. In Gestalt einer neuen Befreiung des Individuums kommt für McKibben sein Ende.[7]

Genau das zeigt Aldous Huxleys Roman „Schöne neue Welt". In diesem Roman beschreibt Huxley die Welt der Zukunft in schillernden Farben. Eine totalitäre Weltregierung hat sich durchgesetzt, die nur noch kontrollierte und manipulierte Fortpflanzung zulässt. Schon vor der Geburt werden die Menschen zu späteren Mitgliedern von Kasten gemacht. Epsilons, Gammas, Deltas, Betas und Alphas, so sieht die neue Welt aus. Die Alphas sind die Intelligenz, Mitglieder anderer Kasten werden „dumm geboren", um einfache Arbeiten zu verrichten. Alle Menschen aller Kasten sind glücklich und wenn einmal nicht, dann gibt es Soma, eine Droge, die das verfehlte Glück sofort nachliefert. Die Werte der neuen Welt sind Sicherheit, Beständigkeit und Glück. Das fasst der Weltaufsichtsrat Mustapha Mond an einer entscheidenden Stelle des Buches plastisch zusammen:

> Die Welt ist jetzt im Gleichgewicht. Die Menschen sind glücklich, sie bekommen was sie begehren und begehren nichts, was sie nicht bekommen können. Es geht ihnen gut, sie sind geborgen, immer gesund, haben keine Angst vor dem Tod. Leidenschaft und Alter sind diesen Glücklichen unbekannt, sie sind nicht mehr von Müttern und Vätern geplagt, haben weder Frau noch Kind, noch Geliebte, für die sie heftige Gefühle hegen könnten, und ihre ganze Normung ist so, dass sie sich kaum anders benehmen können, als sie sollen. Und wenn wirklich einmal etwas schief geht, gibt es Soma.[8]

In Huxleys mitreißender Fantasie ist der von McKibben befürchtete Tod des Individuums bereits Tatsache geworden. Wir vermissen bei Huxleys Kastenkreaturen Freiheit, intensive Gefühle, das Ringen mit der Realität, enge persönliche Bindungen und ungenormte Individualität. Aber ist der Weg zum besseren Menschen zwangsläufig ein Weg in Huxleys schöne neue Welt? Verteidiger von „Supermenschen" sehen es gerade anders herum: Es geht ihnen um die *Freiheit* des Individuums von den Zwängen der Natur. Heute wird keine totalitäre Zwangsbeglückung diskutiert, sondern „liberales", marktwirtschaftliches Enhancement. Dabei sollen sich freie Personen auf dem freien Markt selbst aussuchen können, ob sie sich verändern wollen und wie das geschehen soll. Allerdings befürchten Kritiker wie McKibben, dass dann alle Menschen dieselben Eigenschaften wählen, nämlich beispielsweise große Muskeln, hohe Intelligenz, blonde Haare und leuchtend blaue Augen. Aber das wäre doch etwas anderes als die schöne neue Welt, wo der Weltaufsichtsrat plant und befiehlt. Deshalb kann Huxley uns keinen Aufschluss darüber geben, wie eine Welt mit verbesserten Menschen aussehen könnte. In diesem Sinne widerspricht auch Nick Bostrom falschen Analogien:

> *Schöne neue Welt* ist keine Geschichte über Enhancement von Menschen, das außer Kontrolle geraten ist, sondern es ist vielmehr eine Tragödie über Technologie und „social engineering", die absichtlich verwendet wurden, um moralische und intellektuelle Fähigkeiten zu verkrüppeln. Das exakte Gegenteil dessen, was Transhumanisten vorschlagen.[9]

Aber wie könnte eine Welt verbesserter Menschen dann aussehen? Dieser Frage nachzugehen, ist eine Kernaufgabe dieses Buches.

2. Plan und Zusammenfassung des Buches

Dieses Buch ist ein Anlauf, eine philosophisch reflektierte Position zu einem neuen Forschungsfeld zu entwickeln und das zugleich auf eine Art und Weise zu bewältigen, die jedermann verstehen kann.

Im *ersten Kapitel* wird ein Überblick über den Stand wichtiger Techniken gegeben, wobei Vollständigkeit nicht erreicht werden kann. Darüber hinaus wird ein Blick hinter die Kulissen geworfen und erkundet, was in näherer und fernerer Zukunft aus den Labors und Werkstätten auf uns zukommen könnte. Machen wir uns über Science-Fiction-Szenarien unnötige Sorgen oder hält die Forschung was sie verspricht? Wo wird es bei den heutigen Techniken schon gefährlich und wie sehen die Risiken zukünftiger Techniken aus?

Diese Fragen werden an drei Techniken gestellt. Als erstes ist die heute so populäre Gentechnik an der Reihe. Wie weit sind wir damit, unsere Körper genetisch neu zu programmieren? Werden wir auch unsere Keimzellen mit besseren Genen ausstatten können? Oder sind das Science-Fiction-Fantasien, denen man nicht viel Bedeutung beimessen sollte? Das vertreten viele, aber wurde nicht noch 1984 das Klonen von Tieren durch führende Forscher für technisch unmöglich gehalten?[10] Diese Unmöglichkeit hat keine acht Jahre überstanden.

Es wird ebenfalls daran gearbeitet, den Menschen durch Operationen und durch Implantate zu verbessern. Werden wir uns an Wesen gewöhnen müssen, die halb Mensch halb Maschine sind? Immerhin, schon heute gibt es Chips im Gehirn, wenn auch nur als „Hirnschrittmacher" für Parkinsonpatienten. Gedächtnischips werden in den nächsten zwanzig Jahren als machbar prognostiziert. Forscher arbeiten an Interfaces von Mensch und Computer, die direkten Zugriff vom Kopf zur Festplatte verschaffen sollen. Selbst wenn nur die Hälfte dieser Visionen verwirklicht wird, könnte das unsere Welt deutlich verändern.

Zu guter Letzt wird uns die „kosmetische Pharmakologie" beschäftigen. Hier sind die Forscher schon am weitesten gekommen. Mit „Stimmungsaufhellern" kann man Persönlichkeiten verändern und aus apathischen und lustlosen „Versagern" hoch dynamische „Leistungsträger" machen. Gedächtnispillen und Konzentrationsmittel werden erforscht und schon an US-Piloten getestet.

Welche Lehre kann aus dem ersten Kapitel gezogen werden? Auch wenn heute viele Verbesserungen noch unmöglich sind, können wir uns hinter solche unsicheren Barrieren der Machbarkeit nicht zurückziehen. Sonst droht uns die Technik zu überrollen und uns ohne Maßstäbe für ihre Innovationen anzutreffen. Also führe ich die Diskussion offensiv unter dem Motto „was wäre wenn"? Denn es ist in jedem Fall besser, sich vielleicht unnötige Gedanken zu machen als echte Probleme zu übersehen.

Im *zweiten Kapitel* frage ich, wie die Gesellschaft von Morgen aussehen könnte. Droht uns der eugenisch durchrationalisierte Staat, den Huxleys „Schöne neue Welt" illustriert? Das ist sehr unwahrscheinlich. Heute diskutieren fast alle Experten über „liberale Verbesserungen": Jedermann soll selbst entscheiden und sich z.B. auf dem „freien Markt" kaufen können, was er für sich oder seine Kinder haben will. Aber wenn man wirklich Intelligenz oder Fleiß, Körperkraft oder Sehkraft durch z.B. genetische Eingriffe radikal verbessern könnte, würde das nicht die Verbesserten zu geborenen Gewinnern und alle anderen zu Verlierern machen? Chancen würden in bisher unvorstellbarem Maße davon abhängen, was sich der Einzelne auf dem Markt der Verbesserungen kaufen könnte. Eine dramatische *Zwei-Klassen-Gesellschaft* droht. Mit Verbesserten konkurrieren kann ein unveränderter Mensch vielleicht überhaupt nicht mehr.

Könnte der Staat nicht die Gerechtigkeitslücke schließen und Verbesserungen für jedermann finanzieren? Schließlich könnten die Menschen dann auch in der Wirtschaft mehr leisten und so die Mehrkosten des Staates über mehr Steuereinnahmen finanziell ausgleichen. Aber was geschieht mit denen, die nicht verändert werden wollen, weil sie fürchten, ein Stück ihrer Identität zu verlieren? Sie könnten mit verbesserten Menschen auf Dauer nicht konkurrieren und wären damit vielleicht gezwungen, am „technischen Wettrüsten" teilzunehmen. Und könnte es unsere Wirtschaft nicht überlasten, wenn ein IQ von 150 normal wird und es viel zu wenig erfüllende Arbeit für die verbesserten Menschen gäbe? Könnten wir dann ein Heer frustrierter Genies produzieren? Weiter gefragt: Gibt es hier nicht zu viele Mal das Wort „könnte"? Sind die Folgen radikaler technischer Veränderungen nicht nur sehr ungenau prognostizierbar und zwingt uns diese Unsicherheit nicht, manche Risiken nicht einzugehen?

Allerdings: Was wäre, wenn man Eingriffe nur den von der Natur Benachteiligten zur Verfügung stellt, um zum Durchschnitt aufzuschließen? Wenn man also zum Beispiel IQs von 70 auf 100 heben würde? Könnten solche kompensatorischen Eingriffe auch dazu dienen, die Welt gerechter zu machen? Zerstören oder ermöglichen Verbesserungen die Chancengleichheit? Und welche konkreten Projekte lassen welche Folgen befürchten? Hier muss man stark differenzieren. So könnte man die Gesundheit und den Körper verbessern, aber auch allgemeine und spezifische Fähigkeiten des Geistes. Unterschiedliche Bewertungen verschiedener Projekte sollen erstellt werden.

Eine *Zusammenfassung* meiner Überlegungen lautet: Den Ausgleich von Chancen für Schlechtgestellte durch *kompensatorisches* Enhancement zu ermöglichen, ist eine Pflicht des Staates. *Radikale* Veränderungen, die eine drastische Zwei-Klassen-Gesellschaft zur Folge haben könnten, werden abgelehnt. Und man kann eventuell „sozialverträglich" verbessern, wenn man es *moderat* tut, also nicht wesentlich über das Maß hinausgeht, das wir auch durch Erziehung, Psychotherapie oder Training erreichen können. Um uns in diesem Maße zu verbessern, haben wir alle die Schule besucht: Verbesserungen dieses Umfangs sind schon lange erklärtes Ziel unserer Gesellschaft. Dass wir dieses Ziel nun gerade durch technische Mittel erreichen könnten, ist zumindest hinsichtlich der sozialen Folgen kein gravierender Unterschied. Für den Einzelnen wird es aber einen großen Unterschied machen, welches Mittel er wählt.

Wie sollen wir solche Folgen von Verbesserungen für den Einzelnen bewerten? Wieweit dürfen wir in Kauf nehmen, uns selbst oder unseren Kindern zu schaden? Das ist das Thema des *dritten Kapitels*. Was als Verbesserung gedacht war, kann sich ins Gegenteil verkehren und Schäden an Geist und Körper verursachen. Das Bild einer nach einer Schönheitsoperation amputierten Brust veranschaulicht das drastisch. Darf man zulassen, dass Menschen sich solchen Gefahren aussetzen? Und wären die Risiken nicht noch viel höher, wenn das Gehirn technisch manipulierbar würde? Verliert der mit Hilfe von Psychopharmaka mit einer neuen Persönlichkeit Ausgestattete nicht seine Identität? Würden Menschen mit technischen Veränderungen glücklich werden, selbst wenn sie ihre Identität und ihren Körper nicht zerstörten? „Nein", meint etwa der Ethikrat des US-Präsidenten. Er schreibt, dass Menschen *Echtheit* statt künstlicher Glücksgefühle wollen, ebenso wie Leistungen, die von ihnen ganz allein, nicht mit Hilfe technischer Mittel erbracht wurden.[11]

Die gerade geschilderten Gefahren bestehen. Was aus ihnen folgt, darüber gehen die Meinungen auseinander. Die *Liberalen* meinen, dass freie und aufgeklärte Menschen selbst entscheiden müssen, ob sie solche Risiken eingehen wollen. Sie werden nicht gezwungen, sich verbessern zu lassen, sondern können autonom wählen. Die *Konservativen* widersprechen. Für sie gibt es eine objektiv richtige Art und Weise wie Menschen leben sollen. Ein technischer Umbau der Natur des Menschen ist dabei nicht vorgesehen. Der Konservative glaubt, er könne das Glück desjenigen, der verbessert werden will, besser beurteilen als dieser selbst: Woher stammt dieses Wissen? Und wo und wann endet es? Den Liberalen kann man fragen, ob seine Ideale von Aufklärung und Autonomie realistisch sind. Es könnte sein, dass die Verlockung, schön und intelligent zu sein und das Werben der Pharmaindustrie dafür unwiderstehlich sein würden.

Wenn es nicht mehr darum geht, eine Person auf ihren eigenen Wunsch hin zu verbessern, sondern *Kinder* zu erzeugen, die etwa nach einer Keimbahnbehandlung gleich verändert auf die Welt kommen könnten, wird es noch brisanter. Es steht die Frage im Raum, ob sich Eltern in diesem Fall eine Machtfülle anmaßen würden, die ihnen nicht zusteht, wie der Philosoph Jürgen Habermas meint.[12] Dann könnte der Lebensweg der Kinder auf unverantwortbare Weise vorherbestimmt werden. Das wäre nicht der Fall, wenn es Eigenschaften gibt, die Kindern, statistisch betrachtet, eindeutig nutzen werden. Fast jeder Mensch will gesund und intelligent sein. Werden zukünftige Kinder ihre Eltern anklagen, dass sie ihr Schicksal zu stark vorherbestimmt haben? Oder werden sie kritisieren, dass diese der Natur ihren Lauf ließen, obwohl sie die Macht gehabt hätten, sie gleich mit der Intelligenz auszustatten, die man später in der Schule von ihnen verlangt?

Es soll verteidigt werden, dass wir das Recht haben, autonom über uns selbst zu bestimmen, auch wenn wir uns dabei manchmal schaden. Einige Techniken der Verbesserung können das Glück vieler Menschen vergrößern, wenn sie verantwortungsvoll mit ihnen umgehen. Auch Kinder dürfen, ja sollten verbessert werden, wenn es überaus wahrscheinlich ist, dass sie davon profitieren. Das wäre der Fall, wenn man sie (technisch gefahrlos) mit Allzweckmitteln ausstatten könnte, die in fast jeder Situation nützlich sein würden.

Allerdings müssen wir Sicherheitsbarrieren errichten, damit wir uns und unsere Nachkommen nicht leichtfertig gefährden. Das soll ein „Liberalismus mit Auffangnetz" leisten. Dieser setzt auf den Unterschied von reversiblen und irreversiblen Techniken. Da viele der realistisch zu erwartenden Techniken reversibel sind (Pillen kann man absetzen und Chips ausschalten), sollte man sich vorerst – nachdem die Eingriffe geprüft und nachdem die Interessenten beraten wurden – auf sozialverträgliche reversible Techniken beschränken. So kann jeder Einzelne es korrigieren, wenn er bzw. seine Eltern sich verschätzt haben. Nachdem man Erfahrung mit reversiblen Maßnahmen hat, kann der einzelne Betroffene aber auch die Gesellschaft insgesamt empirisch prüfen, ob uns solche Techniken letztlich glücklicher machen. Je nach dem, wie diese Prüfung ausgeht, kann man weiter, womöglich auch irreversibel, verbessern oder das untersagen.

Das *vierte Kapitel* fragt, ob wir die menschliche Natur vernichten, wenn wir Menschen technisch verändern. Sollen in ferner Zukunft zum Beispiel Chimären von Mensch und Tier auf diesem Planeten leben? Sind solche Wesen überhaupt noch Menschen? Gibt der Mensch seine Menschlichkeit leichtfertig auf?

Das Kapitel soll klären, was unter „Natur" und „menschlicher Natur" verstanden werden kann und soll das schon erwähnte romantische Naturbild mit einem anderen Naturverständnis konfrontieren: Würde man die Natur für „heilig" halten, dann wäre unser „technischer Fortschritt" insgesamt eventuell ein Fehler, denn zerstört und verwandelt die Natur. Aber Menschen sind häufig stolz darauf, Dämme gegen die Flut gebaut zu haben usw. Dies sind Siege über die Natur, die über lange Jahrhunderte nicht unser weiser Bruder, sondern unser Feind war. Das spricht gegen die Heiligkeit der Natur.

Und selbst wenn man diese Heiligkeit akzeptieren würde: Eventuell ist es der Kern der menschlichen Natur, dass sie den Menschen zwingt, eine Kultur zu entwickeln. Diese verändert immer auch die eigenen biologischen Grundlagen und unserer Kultur war seit jeher ein Wunsch nach Selbstüberwindung und Selbstperfektionierung zu eigen. Dann ist das menschliche Streben, sich selbst immer perfekter zu machen, aber nichts anderes als *Ausdruck der menschlichen Natur*. Ist der Mensch nicht „von Natur aus künstlich"?[13] Dann wäre der Wunsch nach Enhancement genauso natürlich und „heilig" wie eine bestimmte ererbte Verfassung des menschlichen Körpers. Nun gibt es aber kein „natürliches" Verhältnis dieser Sphären, auf das man schauen könnte, um diesen Streit auflösen zu können. *Man braucht dazu andere Kriterien als „Natürlichkeit".* D.h. auch ein Eigenwert der menschlichen Natur entscheidet nicht, ob und in welchem Ausmaß Enhancement zulässig ist. Zudem wird im vierten Kapitel weder der Natur noch der menschlichen Natur ein Eigenwert zugestanden. Moralischer Wert leitet sich von *subjektiven Interessen* ab, dafür soll mit Joel Feinberg und anderen Ethikern argumentiert werden. Der Wert der Natur besteht nur für fühlende Lebewesen bzw. Menschen.

Unter diesen Vorzeichen ist Natur sehr wertvoll. Insbesondere ist sie die Basis für große moralische Errungenschaften, etwa die *Menschenrechte*. Zerstört Enhancement diese Grundlagen und ermöglicht es eine Welt, in der manche Menschen andere nicht mehr als Menschen anerkennen, weil sie stark unterschiedliche Fähigkeiten haben? Auch diese Gefahr wird im vierten Kapitel diskutiert. Die Bedrohung wird aber für geringfügig erachtet. Bei allen sinnvollen Enhancement-Projekten wird genug „Menschliches" verbleiben, damit wir uns wechselseitig als Menschen erkennen und respektieren können. Die Menschenrechte sind so elementar formuliert, dass auch kühne Veränderungen ihre Anwendung auf den Veränderten nicht ungültig machen würden. Sie sind weder abhängig davon, *wie* intelligent jemand ist, noch von bestimmten Charakterzügen, noch davon, ob jemand neue Sinnesorgane von Fledermäusen erhält.

Im *fünften Kapitel* sollen die individuellen und sozialen Folgen untersucht werden, die sich einstellen könnten, wenn sich unsere durchschnittliche und unsere maximale Lebenserwartung drastisch erhöhen. Bei diesem Thema bündeln sich alle Fragen der vorhergehenden Kapitel noch einmal zu einem Brennpunkt. Forscher können Mäuse im Labor bereits bis zu 75 Prozent länger leben lassen als es für die Nager eigentlich möglich ist. Was ist, wenn das für Menschen auch möglich wäre? Dann wäre ein Alter von 200 Jahren eventuell normal und viele befürchten, dass dann „unsterbliche Langeweile" droht. Oder muss man eine innovationsfeindliche „Gerontokratie" erwarten, in der die Alten die Mehrheit stellen und die Jungen politisch dominieren? Das kommt sehr darauf an, in welcher Form wir älter werden werden. Werden die geistigen Fähigkeiten mit zunehmendem Alter abnehmen, so dass wir tatsächlich zumindest konservative und weniger flexible alte Menschen erwarten müssen? Oder gelingt es, das geistige und das körperliche Altern zu entkoppeln, was etwa Forscher wie David Gems erhoffen?[14]

In diesem Kapitel soll verteidigt werden, dass es individuell und sozial reizvoll sein könnte, das Lebensalter drastisch zu steigern. Wäre es nicht ein Gewinn, zwei oder drei Studien und Berufe auszuüben zu können, geordnet nach einem vorher gewählten Lebensplan? Das kann man nicht so kategorisch ausschließen, wie es einige „biokonservative" Ethiker tun. Sie unterstellen, Anti-Aging hätte automatisch mit dem Wunsch nach *Unsterblichkeit* zu tun. Aber auch wer sehr alt wird, muss eines Tages sterben und ist gegen Unfälle, Kriege usw. nicht gefeit. Auch die sozialen Folgen sind nicht von vornherein so schlecht, dass man Anti-Aging pauschal ablehnen könnte. Es kommt wiederum darauf an, welche Eigenschaften alte Menschen in Zukunft hätten: Wenn sie geistig flexibel und körperlich lange arbeitsfähig bleiben, muss man weder innovationsfeindliche Gesellschaften noch Heere unbezahlbarer Rentner befürchten.

Der Weg zum besseren Menschen muss nicht automatisch ein Irrweg sein. Er lässt sich nicht im Ganzen bewerten, sondern man muss ein großes Maß von Differenziertheit an den Tag legen. Einige „Verbesserungen" würden die Menschheit in schwerste Krisen stürzen, andere könnten die Menschen der Zukunft glücklicher

machen. Dieses Buch begibt sich auf die Suche nach einem sicheren
Weg zwischen Skylla und Charybdis.

Ich möchte vielen Menschen Dank für ihre Hilfe bei der Arbeit
an diesem Projekt sagen. Johann S. Ach und Julia Wolf haben das
Typoskript kommentiert. Ludwig Siep, Dieter Birnbacher, Wolf-
gang Lenzen, Sabine Müller und Monika Gesang haben einzelne
Kapitel mit mir durchgesprochen. An vielen Orten konnte ich
meine Thesen vortragen und bin den Diskutanten zu Dank verpflichtet.

1. Technik zwischen Realität und Vision

> Die Wahl, die Eltern in einer hypothetischen Zukunft
> treffen müssen, wird nicht lauten ‚Würden sie eine
> Prozedur wählen, die ihnen ein glücklicheres Kind mit
> mehr Talenten gibt?'. Realistischer würde die Frage,
> die sich den Eltern stellt, ungefähr so lauten: ‚Würden
> sie eine traumatische und teure Prozedur wählen, die
> ihnen ein Kind geben könnte, dass ein klein wenig
> glücklicher und talentierter sein könnte, die ihnen aber
> auch ein möglicherweise geschädigtes Kind bescheren
> könnte und die wahrscheinlich gar nichts bewirken
> wird?
> – Steven Pinker, zitiert nach PCBE (2003, 49)

1.1 Sam beim Psychiater – ein Arzt erzählt

Gegen Ende des Jahres 1988 hatte ich die Gelegenheit einen Architekten zu behandeln, der an einer Form von Melancholie litt. Sam war ein charmanter Kerl, sarkastisch und war stolz darauf, einen unabhängigen Stil in sexuellen Dingen zu haben. Ein zentraler Konflikt in seiner Ehe war sein Interesse an Pornos. Er bestand darauf, dass sie sich seine Frau mit ihm anschaute, obwohl ihr das missfiel. Das schrieb Sam ihrer Hemmung und Kleingeistigkeit zu.

Als er sich dem vierzigsten Lebensjahr näherte, fiel Sam in eine tiefe Depression, ausgelöst durch Rückschläge im Beruf und den Tod seiner Eltern. Er konsultierte mich und wir begannen zu reden. Sam begann zu glauben, dass er seine Depression im Rahmen des Geschehenen verstand, aber sein Gefühl der Gelähmtheit und tiefen Traurigkeit hielt an. Ich verschrieb ein Antidepressivum. Sam reagierte nur teilweise. Er war fähig, bei der Arbeit zu funktionieren, aber es verblieb ein konstantes Gefühl der Verwundbarkeit. Ich dachte weiter über Hinweise in Sams Geschichte nach, die auf eine zwanghafte Störung hinwiesen. Von dem Antidepressivum Prozac, mit dem nur wenige Ärzte Erfahrungen hatten, wurde behauptet, es habe das Potenzial, Zwänge aufzulösen. Ich teilte meine Spekulationen Sam mit und er stimmte zu, es mit Prozac zu versuchen.

Der Wandel war bemerkenswert: Sam erholte sich nicht nur von der Depression, er fühlte sich „besser als gut". Er fühlte sich lebendiger und weniger pessimistisch. Jetzt konnte er Projekte in einem Zug verwirklichen, die er zuvor wieder und wieder skizziert hatte. Sein Gedächtnis war verlässlich, seine Konzentration schärfer. Die Arbeit ging ihm leichter von der Hand. Er konnte auf beruflichen Treffen ohne Notizen sprechen.

Ein Detail störte Sam: obwohl er Sex wie immer genoss, hatte er das Interesse an Pornographie verloren. Sam hatte weniger raue Kanten. Er empfand diesen Wandel als Verlust. Der Lebensstil, den er Jahre lang verteidigt hatte, erschien ihm nun Teil einer Krankheit zu sein. Obwohl er für die Erleichterung, die Prozac seinem geistigen Leiden gegeben hatte, dankbar war, dieser eine Aspekt blieb beunruhigend, weil das Medikament neu definierte, was an seiner Persönlichkeit wesentlich und was zufällig war.

Bis heute, nicht ganz fünf Jahre nachdem es eingeführt wurde, haben acht Millionen Menschen Prozac eingenommen, über die Hälfte davon in den Vereinigten Staaten. Mein Interesse gilt einem Teil dieser Millionen. Den ziemlich gesunden Leuten, die dramatisch positive Reaktionen auf Prozac zeigten, Leute die nicht in erster Linie von einer Krankheit geheilt, sondern transformiert wurden.[16]

1.2 Was alles schief gehen könnte

Perfektere Menschen kann es wenn überhaupt, dann erst nach vielen Rückschlägen geben. Ohne Humanversuche wird das wahrscheinlich nicht möglich sein und wie das Klonen und die Gentherapie derzeit zeigen, sind Misserfolge bei solchen Versuchen keine Seltenheit.[17] In diesem Kapitel will ich kurz die wichtigsten technischen Möglichkeiten zu Verbesserungen und die möglichen Gesundheitsrisiken nachzeichnen. Wo stehen wir und wie realistisch ist es, dass sich die Träume von verbesserten Menschen wirklich erfüllen können?

Alle Techniken, mit denen wir Wünsche nach Perfektion ausleben könnten, stecken derzeit noch in den Anfängen, wenn man Schönheitsoperationen außer Acht lässt. Vielleicht können sie nie leisten, was wir von ihnen erwarten. Häufig wird es nicht gelingen, bestimmte Eigenschaften, vielleicht den IQ oder die Sehkraft, wie gewünscht zu verbessern. Oder diese Eingriffe haben horrende Nebenwirkungen: Krebs, Hirnblutungen, Persönlichkeitsveränderungen. Vielleicht erzielt man auch nur Pyrrhus-Siege: Dass eine Eigenschaft verbessert wird, kann damit erkauft werden, dass eine andere sich verschlechtert. So meint etwa Hans Förstel, Direktor einer Klinik für Psychiatrie in München, das gesunde Gehirn befinde sich in einer perfekten Balance und die lasse sich nicht beliebig zugunsten eines beispielsweise besseren Gedächtnisses verschieben.[18] Menschen auf der Suche nach Verbesserungen werden also erstens oft nicht das bekommen, was sie wünschen. Ob das Gewünschte sich dann zweitens, wenn man es doch realisieren kann, wirklich als Verbesserung entpuppt, das hängt nicht primär von der Technik, sondern von anderen Dingen ab. Etwa davon, ob die veränderte Person realistisch vorausberechnet hat, was ein Leben mit einer neuen Eigenschaft für sie bedeutet. Hat sie sich verschätzt, vielleicht weil die Verlockung zu groß war? (Kap. 3)

Und drittens hängt es davon ab, ob sich die veränderten Individuen für die Gemeinschaft insgesamt zur Last entwickeln oder nicht. Sorgt das Zusammenleben von verbesserten und normalen Menschen für sozialen Sprengstoff? (vgl. Kap. 2) Von diesen drei möglichen „Ebenen des Misslingens" soll in diesem Kapitel nur die erste diskutiert werden.

Dabei gibt es prinzipielle Argumente, die man schon vor jeder konkreten Analyse der Gefahren vorbringen kann. Der „President's Council on Bioethics" des US-Präsidenten kommt – nach Analyse der speziellen Gefahren der Gentherapie – zu dem Fazit:

> Solche Risiken in Kauf zu nehmen, mag bei der Gentherapie für schon bestehende Individuen gerechtfertigt sein, wo die Gene die einzige Hoffnung für die Heilung einer ansonsten tödlichen Krankheit sind. Aber diese Sicherheitsrisiken sind gewaltige Hindernisse für alle Interventionen, die nicht therapeutisch sind.[19]

Kann man das verallgemeinern, indem man sagt, dass die Vorteile von Verbesserungen so gering sind, dass man für sie keine Opfer (in der Forschung) riskieren sollte?

Diese Einwände machen nachdenklich, denn manche Projekte erscheinen als zu riskant. Aber sind Verbesserungen deshalb generell moralisch verwerflich und sollte verboten werden, auch nur nach ihnen zu forschen? Das kann man bestreiten. Die meisten Techniken der Verbesserung werden wahrscheinlich Nebenprodukte der medizinischen Forschung sein. Dann würde die Forschung an diesen Techniken erst zur Heilung von Krankheiten betrieben und auch die Risiken der Forschung würden durch medizinische Ziele gerechtfertigt. Einen Großteil der teuren Forschung und der riskanten Erprobung von Wegen sich zu verbessern, dürfte die Medizin aufbringen und damit rechtfertigen. Natürlich, auf Gesunde können Präparate anders wirken als auf Kranke. Manche Nebenwirkungen, die für Kranke akzeptabel wären, sind es für Gesunde nicht. Dann muss im Einzelfall entschieden werden, ob die zusätzlichen Risiken für Gesunde groß oder eher gering erscheinen. Und man muss oft lange abwarten, wie sich bestimmte Präparate, z. B. in der Medizin, bewähren. Aber medizinische Forschungsergebnisse für die Verbesserung Gesunder einzusetzen, kann eine relativ risikoarme Entwicklung von Verbesserungen bedeuten.

Es könnte in Zukunft auch harmlosere Wege als Versuche am lebenden Menschen geben, um Verbesserungen auszuprobieren. Sei es durch neue Tierversuche oder durch andere Verfahren der

Simulation oder Prognose. So wird derzeit im Bereich der „Pharmakogenetik" daran geforscht, die Wirkung eines Präparates auf einen Patienten durch eine Analyse seiner Gene vorhersagen zu können. Im Idealfall soll der Patient seinen genetischen Fingerabdruck abgeben und man erkennt, wie das Präparat auf ihn wirken wird. Das Verfahren hat Grenzen, denn genetische Veranlagungen bestimmen nur einen Teil der Wirkung, aber immerhin einen beachtlichen.[20]

Zudem kann es Menschen geben, für die es so wichtig ist, etwa ein besseres Gedächtnis zu haben, dass sie dafür hohe Risiken (auch im Rahmen der Forschung an sich selbst) in Kauf nehmen wollen. Das kann man kritisieren und einige Risiken als „unverhältnismäßig" untersagen. Gerade bei der Suche nach dem besseren Menschen sollte man nur eher geringe Risiken akzeptieren, weil niemand wirklich voraussehen kann, wie sich ein Mensch mit neuen Eigenschaften fühlt und ob diese schwer vorhersehbaren Vorteile so groß sind, dass sie ein großes Risiko wert sind (vgl. Kap. 3). Aber in einer freiheitlichen Gesellschaft kann man intensive Wünsche nicht einfach paternalistisch übergehen. Wenn Menschen wirklich aufgeklärt wurden und ein Risiko eingehen möchten, um sich zu verbessern, kann man ihre autonomen Wünsche nicht vollständig ignorieren. Man muss einen „Selbstschutz" einbauen, weil die Gefahr sich zu irren so groß ist. Aber wir verbieten es ja auch nicht, extrem gefährliche Hobbys auszuüben oder zu rauchen. Daher muss ein begrenztes Risiko erlaubt bleiben, wenn wir unsere Gesellschaft nicht in vielen Sektoren unfreier machen wollen. Im Folgenden gebe ich einen kurzen Überblick über die vielversprechendsten Wege, die heute begehbar erscheinen, um uns zum perfektionierten Menschen der Zukunft zu führen.

1.3 Können Gentechniker zaubern?

Der Gentechnik wird fast alles zugetraut, ja sie hat den Nimbus einer modernen Hexenkunst. Dem gegenüber stehen viele Warnungen, diese Technologie nicht zu überschätzen. Viele verweisen darauf, dass die Gentechniker seit 1990 kaum medizinische „Wunder" geliefert haben. Aber man kann das Potenzial einer derart jungen Technologie noch nicht abschätzen. Eine Revolution in der

Medizin ist bislang ausgeblieben, aber viele Wissenschaftler trauen den Gentechnikern hier noch einiges zu.

Es gibt einige prinzipielle Hindernisse für gentechnische Utopien vom perfekten Menschen. Insbesondere sind Gene nach groben Schätzungen der Wissenschaftler nur zu ca. 50 Prozent für die Eigenschaften des Menschen verantwortlich. An den Genen lassen sich also nur einige, aber nicht alle Weichen in die Zukunft stellen. Schauen wir uns kurz die wichtigsten Methoden dazu an.

Partnerwahl: Man kann versuchen einen Partner zu finden, dessen genetische Ausstattung man für viel versprechend hält. Frauen können zudem auf Samenbanken zurückgreifen. Die stellen etwa die Erbanlagen von Nobelpreisträgern zur Verfügung. Aber Sicherheit, das erhoffte, herausragend veranlagte Baby wirklich auf die Welt zu bringen, hat man bei dieser Methode nicht.

Gendiagnostik und Abtreibung: Weiterhin könnte man wenigstens da, wo es rechtlich zulässig ist, Embryonen vor der Geburt im Mutterleib mit einer (weiter entwickelten) *Pränataldiagnostik* auf ihre Gene testen[21] und bei Missfallen abtreiben. Aber das Verfahren ist sehr aufwendig und beim nächsten Versuch ist kein besseres Ergebnis garantiert, zudem wirft es die Frage nach Schutzrechten für Embryonen auf. Frauen müssten mehrere Abtreibungen riskieren, um ein halbwegs erwünschtes Resultat zu erzielen. Und die Kinder würden nie bessere Gene haben als die Eltern. Zwar könnte man deren beste Gene vielleicht in einem Kind vereinen, aber mehr ist nicht möglich. Neue Menschen, die die Grenzen unserer Art sprengen würden, wird man so nicht erzeugen.

Gendiagnostik und künstliche Befruchtung: Dasselbe gilt auch für die ausgeweitete Verwendung der *Präimplantationsdiagnostik.*[22] Um die Technik zu nutzen, die sich hinter diesem Etikett verbirgt, muss man auf normale Fortpflanzung verzichten und sich der In-Vitro-Fertilisation (IVF) bedienen. Man entnimmt einer Frau eine Eizelle. Diese befruchtet man dann künstlich und untersucht die Gene des Embryos anschließend im Reagenzglas. Bei Missfallen tötet man den Embryo und wiederholt das Verfahren solange, bis ein akzeptabler Embryo vorliegt, der dann der Mutter eingepflanzt werden kann. Die Erfolgsrate des Verfahrens liegt derzeit nur bei 20 Prozent.[23] Daher müssen die Mütter viele Eizellen für viele Versuche liefern, oft stimuliert von chemischen Präparaten, die Nebenwirkungen haben. Und eine künstliche Befruchtung ist für viele keine akzeptable Weise der Fortpflanzung.

Reproduktives Klonen: Das Klonen sorgt für die größten Schlagzeilen. 1997 wurde das inzwischen verstorbene Schaf Dolly geklont und brachte seine ganze Art zu größter Popularität. Seitdem teilten viele Säugetiere Dollys Schicksal. Im Februar 2004 meldete die Presse: Koreanische Forscher haben den ersten menschlichen Embryo erzeugt. Allerdings wurde das als Fälschung entlarvt.

Beim Klonen erhielte ein menschlicher Embryo allein die Erbinformationen eines schon lebenden Menschen. Die wichtigste Methode dazu heißt *Kerntransplantation.* Dabei wird eine Eizelle entkernt und so ihrer im Zellkern deponierten DNA beraubt, in der ein Großteil[24] ihrer Erbinformation angesiedelt ist. Der kernlosen Eizelle wird dann ein Zellkern oder eine komplette Zelle eines anderen Lebewesens derselben Art eingefügt. Der Kern kann zum Beispiel aus einer Körperzelle eines vollentwickelten Organismus stammen. Bei Dolly hat man eine Zelle aus der Milchdrüse eines Schafes verwendet.[25] Wo liegt der Vorteil in Hinsicht auf ein Enhancement? Nimmt man die implantierten Zellkerne von einem Spender, dessen genetische Eigenschaften man als besonders gut beurteilt, kann man das entstehende Kind mit denselben guten Eigenschaften ausstatten.

Aber trotz aller Sensationsmeldungen ist auch hier noch lange kein Königsweg zum neuen Menschen entdeckt. Das größte Problem ist, dass das Alter des eingesetzten Zellkerns bislang nicht wieder auf Null gestellt werden kann, d. h. Dolly war zellbiologisch so alt wie ihre Mutter und hatte daher eine eingeschränkte Lebenserwartung. Bislang haben fast alle geklonten Tiere kleinere oder größere genetische Defekte gehabt. Bei den Tierversuchen starben die meisten Embryonen nach der Einsetzung in das Muttertier aufgrund solcher Defekte schon vor der Geburt. Und wenn kranke Individuen auf die Welt kämen, dann hätte man defekte statt perfekte Tiere oder Menschen hergestellt. Doch selbst wenn alle technischen Probleme, der entkernten Eizelle ein neues Programm zu geben, gelöst wären, hätte ein geklonter menschlicher Embryo bei dem momentanen Stand der Technik höchstens eine 20-Prozent-Chance, auf die Welt zu kommen – mehr Erfolg hat die In-Vitro-Fertilisation derzeit nicht. Also ist auch hier kein Durchbruch in Sicht, zumal durch das Klonen wieder nur Eigenschaften erzeugt werden könnten, die Menschen bereits haben oder hatten, ein Überschreiten der Grenzen unserer Art ist so nicht möglich.[26]

Injektion neuer Gene („genetic engineering"): Eigentlich klingt es ganz einfach: Man synthetisiert Gene, die Intelligenz, Gedächtnis und was immer man manipulieren möchte, positiv beeinflussen. Dann bringt man diese Gene in die Körperzellen oder Keimzellen eines Individuums ein, je nach dem, ob man nur den existierenden Menschen (somatische Gentherapie) oder seine Kinder und deren Kinder (Keimbahntherapie) verändern will. Resultat wären dann genetisch verbesserte Menschen. Aber was so einfach klingt, ist in Wahrheit eine hochkomplexe und sehr riskante Sache. Erste Schritte werden gerade bei Schwerstkranken erprobt. Dabei geht es nicht um Verbesserungen, sondern darum, schwere Leiden zu bekämpfen. Die Risiken sind gravierend, Nebenwirkungen wie Tod durch Leukämie sind schon aufgetreten. Die Technik ist also noch alles andere als ausgereift. Weil diese Technik viel mehr Potenzial für Enhancements bietet als die bisher referierten, die etwa „transhumane Ambitionen" von vornherein nicht ermöglichen, befasse ich mich nun etwas genauer mit ihr.

Warum ist der erfolgreiche gentechnische Eingriff zu medizinischen oder außermedizinischen Zwecken noch so schwierig? Die meisten menschlichen Eigenschaften, die auf unseren Wunschzetteln für Verbesserungen ganz oben stehen, sind *polygene Merkmale,* die nicht von einem Gen, sondern von der Wechselwirkung vieler Gene abhängen. Mehrere tausend Gene können bei solchen Merkmalen mitwirken. Ihre Wechselwirkungen sind oft enorm komplex, weshalb viele Wissenschaftler meinen, man könne sie nicht nur derzeit, sondern prinzipiell nicht durchschauen und gezielt manipulieren.[27] Allerdings steht es nicht um alle Eigenschaften auf der Wunschliste so schlecht: Größe, Augenfarbe, Hautfarbe und selbst eine Erhöhung der Lebenszeit könnten von wenigen Genen abhängen. Aber Genaues weiß man noch nicht.

Neben diesen eher prinzipiellen Hindernissen stellen sich den konkreten Techniken der Gentherapie und des möglichen „genetic engineering" auch viele „kleinere" Hürden in den Weg. So muss die DNA mit der neuen Erbinformation sich als besonders gute „Pfadfinderin" bewähren: Die neue DNA muss nicht nur in die gewünschte Zelle eindringen, sondern auch an der Zell-DNA den richtigen Anschlusspunkt finden. Sonst ist sie bestenfalls unwirksam, schlimmstenfalls verursacht sie Krankheiten.

Zwei Arten der Injektion von Genen werden heute erprobt. Bei der ersten Methode werden dem Patienten Zellen entnommen, in die anschließend neue DNA eingebracht wird. Dabei greift man auf Viren zurück, die ihre Eigenschaft, krank zu machen, hoffentlich verloren haben, aber immer noch in Zellen eindringen können. In diese Viren wird die neue DNA eingebaut, die sie in der Zielzelle freisetzen. Dann vermehrt man die neu bestückten Zellen in großer Zahl und verabreicht sie dem „Patienten" erneut (*ex-vivo-Gentherapie*). Mindestens zwei Dutzend Patienten weltweit hat das wirklich geholfen. Der Londoner Forscher Adrian Trasher hat Erfolge erzielt: Trasher hatte den kleinen Mustaf im Dezember 2003 mit einer Gentherapie behandelt. Der Junge litt an der schweren Immunschwäche ADA-SCID, jede kleine Infektion war für ihn lebensgefährlich. Mustafs Blutzellen fehlte ein Eiweiß. Deshalb hatten die britischen Ärzte dem Jungen Vorläufer von Blutzellen aus dem Knochenmark entnommen und in diese Zellen intakte Gene für das fehlende Eiweiß eingeschleust. Heute ist Mustaf gesund.[28] Allerdings, aus Paris werden drei Fälle berichtet, wo die ex-vivo-Gentherapie zu Leukämie führte. Diese Therapie ist also riskant. Und oft wirkt sie nicht richtig: Es ist schwierig, dem Patienten genügend Zellen entnehmen zu können, um davon nach der Vermehrung genug zu erhalten. Zudem lassen eventuell erzielte Wirkungen oft schnell wieder nach und es kann nicht bestimmt werden, wo sich die neue DNA in der Zielzelle ansiedelt.

Ist die zweite Injektionsmethode, die man *in-vivo-Therapie* nennt, harmloser? Das ist nicht der Fall, denn auch bei der in-vivo-Gentherapie fehlt die Zielgenauigkeit. Bei dieser Methode wird das gewünschte neue DNA-Segment direkt in den Körper eingeschleust. Meistens baut man es auch bei dieser Therapie in ein Virus ein und impft dann den Menschen damit. Die Vorteile: Die ex-vivo-Gentherapie lässt sich nur auf jene Zellen anwenden, die relativ leicht aus dem Körper isoliert und in genügenden Mengen gezüchtet werden können. Das ist bei der in-vivo-Therapie nicht so und zudem hofft man, dass ihre Effekte dauerhafter anhalten als die der ex-vivo-Therapie. Aber alle die, die Bedenken dagegen haben, mit Viren behandelt zu werden, werden bei beiden Injektionsmethoden ab und an bestätigt: Die Forscher streiten darüber, ob die Viren ihre Eigenschaft, Krankheiten zu erzeugen und sich zu vermehren, wirklich ganz verloren haben. Es wird spekuliert, ob etwa mit dem (eigentlich nicht mehr vermehrungsfähigen) Aids-Virus gentechnisch behandelte Patienten sogar gesunde Menschen mit Aids anstecken könnten. Zudem können Viren auch bei der in-vivo-Therapie Krebs verursachen. Also bietet diese Methode nicht mehr Sicherheit, sie gilt sogar als noch riskanter als die ex-vivo-Variante. Gegenwärtig sind Erfolge bei beiden Methoden weitgehend Glückssache, wie Phillip Kitcher bemerkt:

> Allzu oft enthüllen experimentelle Tests mit einer vielversprechenden genthera-peutischen Methode, dass kaum etwas geschieht: Die Gene gelangen entweder nicht an ihre Zielorte oder funktionieren nicht, wenn sie dort eingetroffen sind.[29]

Alle gentechnischen Methoden, den Menschen zu verbessern, sind bislang defizitär. Ist die „moderne Hexerei" genauso machtlos wie die altbekannte? Die Grenzen unserer Art zu sprengen oder gar Chimären aus Mensch und Tier zu schaffen – sind das nur Science-Fiction-Visionen? In der Tat, so könnte es sein. Viele Wissenschaftler bezweifeln, dass es je möglich sein wird, kompliziert genetisch kodierte Eigenschaften wie die Intelligenz gentechnisch zu verbessern. Und überhaupt, ob Intelligenz ohne weitere Einschränkung verbesserbar ist, hängt davon ab, wie man sie definiert. Es gibt die etwa von Howard Gardner vertretene Theorie, dass Intelligenz in verschiedene Intelligenzen zerfalle (etwa eine musische, eine sprachliche, eine mathematische usw.), sodass eine Verbesserung einer Art von Intelligenz notwendig andere Arten verschlechtere. Eine höhere mathematische Intelligenz bedinge etwa verminderte interpersonelle (soziale) Intelligenz.[30] Andere Theorien vertreten, dass es einen Generalfaktor der Intelligenz „g" gäbe, der kognitive Intelligenz definiere. „G" sei in IQ-Tests (ich gehe im Weiteren von einer Skalierung von 50–150 Punkten aus) messbar und mache eine Prognose über zukünftigen schulischen, beruflichen und sozialen Erfolg möglich. Das ist die Standardmeinung unter den Intelligenzforschern, die Enhancement-Plänen entgegenkommt.[31]

Aber es gibt auch renommierte Forscher, die einer zu großen Skepsis beim Verbessern widersprechen. So meint der Molekularbiologe Lee Silver, dass Chimären und andere weit hergeholt scheinende Entwicklungen sehr wohl möglich sind. Er behauptet, Menschen würden irgendwann Infrarotlicht sehen und Wahrnehmungsorgane für magnetische Strahlung besitzen.[32] Wie kommt Silver zu solchen Prognosen? Er listet zu ihrer Erhärtung einiges auf, was zeitweilig in der Wissenschaft für unmöglich gehalten wurde und heute praktiziert wird: 1935 verkündeten die Wissenschaftler, die genaue Beschaffenheit von Genen zu verstehen, liege jenseits der Möglichkeiten sterblicher Menschen. Im Jahr 1974 erklärten sie, es sei *unmöglich*, die Sequenz des gesamten menschlichen Genoms aufzuklären. 1984 sagten sie, es sei *unmöglich*, bestimmte Gene in einem Embryo zu verändern. Ein Jahr später erklärten sie, es sei *unmöglich*, die genetische Information einer einzelnen Embryonalzelle zu lesen.[33]

Es lässt sich in der Tat allzu schnell behaupten, dass etwas unmöglich ist. Auf solche „Versprechen" zu vertrauen, ist unverantwortlich, denn so wiegen sich die Menschen hinter Schutzwällen in Sicherheit, die vielleicht nicht stabil sind. Deshalb werde ich in diesem Buch diskutieren: „Was wäre, wenn alles möglich würde, was wir uns von den neuen Techniken versprechen?"

Schon heute gibt es Forschungen, die einige der oben noch als bedeutsam hervorgehobenen Schwierigkeiten vollständig beseitigen könnten. Einen „Durchbruch" glauben Forscher von der Universität von Texas im Jahr 2005 erzielt zu haben. Sie haben beschrieben, wie sich die therapeutischen Gene exakt an den richtigen Ort im Erbgut bringen lassen. Demnach wird die defekte Erbsubstanz des Patienten gegen gesunde ausgetauscht – ein Effekt, der bislang als unerreichbar galt. Die Forscher um Michael Holmes nutzen dafür bizarr geformte Eiweiße, so genannte Zink-Finger-Proteine, die sich gezielt an eine bestimmte Sequenz der Erbsubstanz binden, dort zum Beispiel, wo ein krankes Gen sitzt. Im Schlepptau haben die Zink-Finger-Proteine ein DNS-spaltendes Enzym. Dieses trennt das kranke Gen aus dem Erbgut heraus und löst natürliche Reparaturmechanismen aus. Die Zelle versucht, das fehlende Stück DNS zu ergänzen. Dazu bieten die Forscher das gesunde Gen an. Dass das Prinzip funktioniert, haben die Amerikaner an Zellen mit SCIDX-Mutation bewiesen: Im Labor gelang die maßgeschneiderte Reparatur etwa bei jeder fünften Zelle.[34]

Wenn also heute schon derartige Fortschritte als möglich diskutiert werden, wer will dann noch Prognosen über die technischen Möglichkeiten in einigen Jahrzehnten wagen?

1.4 Operationen und Implantate – auf dem Weg zum Cyborg?

Verbesserungen durch Operationen werden heute schon in breitem Ausmaß praktiziert. Schönheitsoperationen finanzieren einen eigenen Industriezweig. Dass diese Operationen manchmal fehlschlagen und sogar Leben gefährden können, muss hier nicht betont

werden. Gehen wir einer besonders faszinierenden Technik genauer nach, der Verbesserung durch Implantate. Strikt gesehen,
gibt es heute schon Cyborgs, also Menschen, in deren Körpern
technische Geräte eingebaut sind. Allerdings stellen wir uns unter
einem Cyborg doch noch etwas anderes vor, als den Träger eines
Herzschrittmachers. Woran wir denken, sind etwa die „Borg" aus
der Fernsehserie „Star Treck", also Wesen, die zahlreiche Implantate zur Verbesserung ihrer Leistungen nutzen, ja bei denen es zu
ihrem Wesen und Selbstverständnis gehört, keine rein biologische
Lebensform zu sein. Das ist natürlich Science-Fiction, aber es gibt
heute schon mehr Möglichkeiten, den Menschen mit Implantaten
zu verändern, als wir gemeinhin denken. Die meisten Produkte
werden noch medizinisch genutzt. Selbst das so komplizierte Gehirn wird schon mit Implantaten versehen. So gibt es die Möglichkeit, Parkinsonkranken durch Hirnstimulation zu helfen: Seit 1998
steht diesen Patienten die Activa®-Therapie (tiefe Hirnstimulation
bei Parkinson und essentiellem Tremor) zur Verfügung. Hierbei
handelt es sich um ein neurochirurgisches Verfahren, bei dem Elektroden in bestimmte tief liegende Hirnregionen (Basalganglien)
millimetergenau platziert und an implantierbare und programmierbare Impulsgeneratoren angeschlossen werden (man spricht
vom „*Hirnschrittmacher*"). Natürlich gibt es bei solchen Eingriffen manchmal Nebenwirkungen, etwa Hirnblutungen. Die Tiefenhirnstimulation reduziert die Symptome der Parkinson-Krankheit,
indem sie die fehlerhafte Aktivität des Gehirns unterdrückt, die
durch den Untergang von dopaminbildenden Zellen verursacht
wird. Dopamin ist eine körpereigene chemische Substanz und dient
der Bewegungssteuerung.[35]
   Und auch Depressiven kann nun mit Implantaten geholfen
werden: Antidepressiva sind bei Depression die Behandlung der
ersten Wahl. Nebenwirkungen oder Spätkomplikationen führen
jedoch zur Einschränkung der Lebensqualität für die Betroffenen.
Seit Anfang des Jahres 2005 steht Patienten mit chronischer Depression nun auch die *Vagus-Nerv-Stimulation* (VNS) zur Verfügung. Bei der VNS werden milde elektrische Signale an den Vagus-
Nerv im linken Halsbereich übertragen, der diese an das Gehirn
weiterleitet. Das wird durch einen programmierbaren Impulsgenerator erreicht, der im linken Brustbereich eingesetzt und über ein
Kabel unter der Haut mit dem linken Nervus vagus verbunden
wird. Reizt man diesen Nerv, hellt sich die Stimmung des Patienten
auf. Die bis dato erzielten Ergebnisse sind vielversprechend: Die

VNS scheint eine wirksame und sichere Option zu sein, um Depressionen langfristig zu behandeln.[36]

Die Medizin kommt dem Zentrum der menschlichen Persönlichkeit also in großen Schritten näher. Solche Techniken auch zur Verbesserung des Menschen zu nutzen, liegt auf der Hand. Deshalb hat sich die unabhängige Beratergruppe der EU in ethischen Fragen, genannt „European Group on Ethics in Science and New Technologies" (EGE) im März 2005 genötigt gesehen, der EU-Kommission eine Stellungnahme mit dem Titel „Ethische Aspekte von ITC Implantaten[37] im menschlichen Körper" zu überreichen. Den Ethikern der EU geht es um Gefahren durch chipgesteuerte Implantate, mit denen man Menschen verbessern oder manipulieren kann. Mit betroffen sind Datenschutz und Verhaltenskontrolle. Chips unter der Haut können viele Informationen über ihren Träger bekanntgeben. Das kann man medizinisch zur perfekten Kontrolle des Patienten jenseits der Intensivstation nutzen. Wie sind seine Blutwerte, sein Puls, seine Atmung? Aber auch andere Anwendungen sind auf dem Weg, Realität zu werden. So berichtet EGE Mitglied Rafael Capurro, dass im Jahr 2004 160 mexikanischen Staatsbeamten Chips implantiert wurden, damit man beispielsweise im Falle eines Kidnapping weiß, wo sie sich befinden. In Großbritannien kündigt Premier Blair gar an, Chips im großen Ausmaß zu Gefangenenwärtern zu machen: 5000 Schwerverbrechern sollen Chips implantiert werden, um sie permanent zu überwachen.[38]

In diesem Buch interessieren uns nicht die Kontrollmaßnahmen des Staates, sondern Verbesserungen des Individuums. Auch in diesem Bereich ist die Implantat-Forschung aktiv. *Gedächtnischips* stehen auf der Agenda. Sie können dazu dienen, das Gedächtnis wiederherzustellen oder zu verbessern (künstlicher Hippocampus).

Computerwissenschaftler haben vorhergesagt, dass in den nächsten zwanzig Jahren neurale Interfaces geschaffen werden, die nicht nur die Reichweite der Sinne erweitern, sondern die auch das Gedächtnis verbessern und „cyber think" – unsichtbare Kommunikation mit anderen – ermöglichen.[39]

Permanente Schnittstellen von Gehirn und Computer werden gesucht, die es z. B. dem Gehirn ermöglichen könnten, auf die im Computer gespeicherten Informationen zurückzugreifen.[40] Dass Operationen immer auch ein Risiko für den Operierten bedeuten, dürfte dabei klar sein. Und dass Implantate im Gehirn die Persönlichkeit verändern können, ist ebenfalls mehr als eine Hypothese.

Werner Bothe aus Münster berichtete von einer Absenkung der moralischen Urteilsfähigkeit von Patienten, die einen Hirnschrittmacher trugen.[41]

Aufgrund dieser Zukunftsvisionen, sieht die EGE in ihrer Stellungnahme bereits einige der großen sozialethischen Probleme zu realistischen Gefahren werden, die andere noch ins Reich der Science-Fiction einordnen und die uns noch beschäftigen werden. Die EGE warnt:

> dass nicht-medizinische Anwendungen von ITC Implantaten eine potenzielle Bedrohung der Menschenwürde und der demokratischen Gesellschaft sind. ICT Implantate können benutzt werden, um die körperlichen und geistigen Fähigkeiten des Menschen zu verbessern. Es sollten Anstrengungen unternommen werden, um sicher zu stellen, dass ICT Implantate nicht benutzt werden, um eine Zwei-Klassen-Gesellschaft zu bilden oder um die Lücke zwischen den Industrieländern und dem Rest der Welt zu vergrößern.[42]

Implantate und auch chemische Präparate haben einen Vorteil gegenüber einigen gentechnischen Methoden. So sind so genannte *„Switch-Off"-Technologien* hier gut vorstellbar. Man kann eine Verbesserung aktivieren und bei Problemen auch wieder deaktivieren, etwa indem man einen Chip abstellt oder ein Medikament absetzt. So können Hirnschrittmacher auch per Knopfdruck aktiviert und deaktiviert werden. Selbst bei genetischen Veränderungen wäre so ein Ausschalter denkbar, etwa wenn bestimmte Gene nur durch permanente Einnahme von Medikamenten aktiv gehalten werden, die man auch absetzen könnte.

Fazit: Auch wenn Implantate bislang noch nicht die Medienpräsenz von chemischen und genetischen Techniken erreicht haben: Es wird viel auf diesem Feld geforscht und es gibt große Chancen und Gefahren.

1.5 Schlau und glücklich – Viagra fürs Gehirn?

Im Moment sorgen chemische Präparate zur Verbesserung für Aufsehen. Hier hat man heute schon anwendbare Mittel entwickelt, wenngleich die eigentlich nur für Kranke gedacht sind. Wir reden also nicht mehr nur über Science-Fiction, sondern zum Teil über Realitäten. Vielleicht die spektakulärste Realität von allen: *Viagra*. Aber das Potenzmittel zeigt auch alle Abgründe, die solches Enhan-

cement haben kann: „Exitus statt Koitus", unter diesem Motto
warnte die deutsche Arzneimittelkommission im Jahr 2000 vor
Viagra-Gefahren. Das war nach 18 vermuteten Todesfällen durch
Viagra in Deutschland nötig geworden. Viagra zeigt, wie hem-
mungslos die Nachfrage nach gefährlichen Produkten sein kann,
die viel versprechen. Obwohl die Risiken bekannt sind, wollen
viele Gesunde das Mittel um jeden Preis.

Neben solchen Mitteln für den Körper konzentrieren sich die
Pharma-Konzerne auf Präparate, die Stimmung und Gedächtnis
verbessern sollen.

Der Umsatz mit Medikamenten gegen das Vergessen liegt derzeit bei rund 10 Milliarden Dollar. In den heutigen, auf Rezept
erhältlichen Arzneien sehen Experten nur die Vorhut einer Arma-
da von Substanzen, die Jedermanns Gedächtnis beflügeln könnten.[43]

Zwar gibt es vielfach noch nicht mehr als Tierversuche. Ob Medikamente wie *Ritalin*, die hyperaktive Kinder verordnet bekommen, auch die Konzentration bei Gesunden stärken, ist umstritten.

Auch das US-Militär arbeitet an Stoffen, die Soldaten bei Schlaf-
mangel kampftüchtig halten sollen. Dazu wurde insbesondere das
gegen die Krankheit Narkolepsie zugelassene Medikament *Modafinil* getestet. Die Quintessenz des Versuchs war: Die höchste Dosis
Modafinil verringerte die Müdigkeit und brachte die geistige Leistung wieder auf normales Niveau – aber denselben Effekt hatte
auch Koffein.[44] Besser schnitt das Alzheimer-Medikament *Donepezil* bei Tests an Piloten ab: Die Piloten, die Donepezil eingenommen hatten, zeigten erheblich bessere Leistungen als die Kon-
trollgruppe.[45] Getestet wurde besonders die Reaktion in Notfällen,
also insbesondere die Fähigkeit, Stress und Müdigkeit zu unter-
drücken.

Die Präparate funktionieren unterschiedlich. Ritalin erhöht den
Spiegel der Botenstoffe Dopamin und Noradrenalin. Wie Modafinil wirkt, ist noch ungeklärt. Der Nobelpreisträger Eric Kandel
entwickelte eine unter dem Namen *MEM 1414* bekannt gewordene
Substanz, die erfolgreich in Tierversuchen erforscht wird und das
Regulatorprotein CREB (cyclo AMP response element binding
protein) in den Synapsen indirekt verstärkt. Dadurch können kurzfristig gespeicherte Informationen besser ins Langzeitgedächtnis
überführt werden.[46]

Auch solche und ähnliche Präparate haben Schattenseiten, besonders wenn man den Schritt von der Medizin zur Verbesserung

wagt. Der Schlafforscher Peter Geisler von der Universitätsklinik Regensburg meint: „Natürlich können Sie ein Auto auf 6000 Umdrehungen bringen. Aber wenn Sie Ihren Wagen immer so fahren, werden Sie nicht lange Freude daran haben."[47] Aber das sind Vermutungen. Tatsache ist, dass die meisten Nebenwirkungen nicht gut erforscht sind. Und wie die Nebenwirkungen bei zukünftigen Mitteln wären, die massiv wirken und über den Vergleich mit Koffein erhaben sind, das wissen die Forscher nicht.

Aber einige Komplikationen kann man sich ausmalen, wenn man etwas genauer nachdenkt. Das Gedächtnis trifft eine Auswahl, welche Daten es speichert. Unzählige Informationen stürmen sekündlich auf das Gehirn ein, die etwa berichten, wo der Körper gerade Kontakt zum Boden oder Stuhl hat. Weil man das alles gar nicht wissen will, trifft das Gehirn eine Auswahl. Dabei könnte es auch die psychische Gesundheit der Person im Auge haben und von ihr fernhalten, was sie nicht verkraftet. Das könnte eine ungefilterte Informationsflut sein, aber auch ein unpassender Umgang mit traumatischen Erfahrungen. Man könnte einen unbekannten aber sinnvollen Zusammenhang stören, in den das Gedächtnis Gegenwart und Vergangenheit bringt[48], wenn man Präparate findet, die das Gedächtnis radikal verändern. Wieweit man solche Mittel noch mit herkömmlichen Methoden vergleichen könnte, das Gedächtnis durch geschultes Erinnern zu verbessern, ist offen. Jedenfalls kommt auf denjenigen, der sein Gedächtnis verbessern will, eine Flut von Entscheidungen zu: Er muss genau erwägen, was sein Gedächtnis besser können soll und wie er sich damit fühlen wird, denn das Beispiel des russischen Erinnerungs-Meisters Schereschewskij wirkt abschreckend.[49] Der brauchte auch ohne chemische Hilfsmittel eine Reihe von 70 Zahlen nur einmal zu hören und hatte sie für immer gespeichert. Leider nisteten sich belanglose Details in seinem Kopf ein und versperrten ihm den Weg zu neuen Gedanken. Deshalb schrieb er Dinge, die er vergessen wollte, auf Zettel und verbrannte sie. Vergeblich, sein Gedächtnis war zu „gut". Was wäre also eine echte Verbesserung des Gedächtnisses? Wenn man sich genau dann an vergangene Dinge erinnern kann, wenn man es will? Sind Präparate, die nur so wirken, vorstellbar? Bislang scheint solche Zielgenauigkeit noch nicht erreicht zu werden.

Die Forscher beschäftigen sich auch damit, schrecklichen Erinnerungen ihren Schrecken zu nehmen und sie in einem ganz neuen emotionalen Licht erscheinen zu lassen. Wer würde nicht gerne die peinlichste Situation seines Lebens so erinnern, dass sie ihm gar nicht mehr peinlich ist? Vielleicht würden uns nach einem Eingriff auch schrecklich traurige Erlebnisse der Vergangenheit nicht mehr so traurig erscheinen, wenn wir uns erneut an sie erinnern. Damit beschäftigen sich vornehmlich Wissenschaftler, die Trauma-Patienten behandeln. Diese Patienten werden von einem schrecklichen Ereignis, etwa einem Kriegserlebnis, über Jahre hinweg verfolgt. Erfahrungen, die unter großem Stress gemacht werden, prägen sich besonders stark ins Gedächtnis ein. Wenn man Patienten etwa den Beta-Blocker *Propranolol* in solchen Stresssituationen verabreicht (oder auch kurz nach einem schrecklichen Ereignis), dann fällt die Erinnerung später weniger negativ aus als bei Kontrollgruppen.[50] Das funktioniert bereits und vielleicht wird es einmal möglich, auch bei längst vergangenen Erinnerungen deren Inhalt von ihrer emotionalen Färbung zu trennen. Darin sehen manche die Gefahr, dies könne – wenn es häufig praktiziert wird – ein Umschreiben und damit ein Zerstören der eigenen Identität sein.[51] Aber das als unerwünschte Nebenwirkung auszugeben, wäre unglaubwürdig. Wenn Menschen gründlich überlegt haben, was sie tun, dann wird so eine Maßnahme gerade das Ziel haben, einen Neuanfang ohne physische Selbsttötung zu ermöglichen. Allerdings wäre es wahrscheinlicher, dass man nur einzelne quälende Erinnerungen abstellen wollen würde, dann wäre nicht die ganze Persönlichkeit in Gefahr.

Eine andere Möglichkeit zu Enhancement sind *Stimmungsaufheller*, die vielleicht sogar die Persönlichkeit verändern. Die bekannteste „Glückspille" ist *Prozac* (in Deutschland Fluctin). Ist Prozac das Soma der Gegenwart? Dagegen spricht, dass Prozac bei Depressiven im Regelfall dazu führt, dass sie wieder aktiv werden können. Der Fall „Sam" und das Ende seiner beruflichen Probleme durch Prozac gibt ein Beispiel. Ähnliche Wirkungen auf Gesunde werden erhofft, zumal Peter Kramer Prozac vielen Menschen verabreicht hat, die sich im Grenzgebiet zwischen Krankheit und Normalität bewegt haben. Prozac führt dazu, dass der Botenstoff Serotonin im Gehirn länger aktiv ist: Im Gehirn verlaufen Nervenbahnen, die man sich wie Kabel in einem elektrischen Gerät vorstellen kann. Die Übertragung von Nachrichten verläuft auf elektrischem Wege, wobei ein Kabel aus einer einzigen langen Nervenzelle besteht. Bei manchen Angsterkrankungen ist die Übertragung am Übergang zwischen zwei Nervenzellen („Lötstelle") gestört. Diese Übertragung geschieht mit Hilfe von Neurotransmittern („Botenstoffen"), wie zum Beispiel Serotonin oder Noradrenalin.

Serotonin wird von einer Nervenzelle abgesondert, damit es sich an eine andere Zelle anlagert und diese so aktiviert. Das Gehirn ist sparsam und recycelt das Serotonin, nachdem es abgesondert wurde. Es sammelt den Botenstoff mit einem Wiederaufnahmesystem wieder ein. Prozac und ähnliche Medikamente hemmen dieses System. Dadurch erhöht sich die Konzentration von Serotonin im Gehirn.[52]

In der Regel beruhigt Prozac und mildert die Stärke der Gefühle ab. Aber es löscht sie nicht aus. Depressive können ihre Probleme wieder anpacken, weil sie nicht mehr so übermächtig erscheinen. Zudem vermittelt Prozac ein beständiges Hintergrundgefühl, dass es dem gut geht, der es einnimmt. Es kann die Persönlichkeit verändern, wovon Sam zeugt. Die Wirkungen können unterschiedlich sein und sind schwer zu beschreiben. Unklar ist insbesondere, ob Prozac Gesunde ähnlich motiviert wie Depressive. Indizien deuten in diese Richtung.[53]

Die Nebenwirkungen sind kontrovers. Das Medikament kann impotent machen[54] und wird verdächtigt, Gewalt und Selbsttötungen auszulösen. Zumindest wenn man es Kindern verschreibt, scheint das zu stimmen. Die Amerikanische Arzneimittelbehörde FDA meint, Prozac könnte auf Kinder und Schwangere so wirken, dass es ihre Ängste vergrößert.[55] Prozac könnte auch das Wachstum von Krebstumoren bei Krebspatienten anregen, aber darüber weiß man ebenfalls wenig, wie über alle Langzeitwirkungen. Die Nebenwirkungen scheinen insgesamt vergleichsweise harmlos zu sein und Prozac erzeugt keine *Sucht*. Sucht bzw. Abhängigkeit definiert die Medizin durch folgende Merkmale: „Unbezwingbares Verlangen zur fortgesetzten Einnahme; Entzugserscheinungen nach Abstinenz; Tendenz zur Steigerung der Dosis; individuelle und soziale Folgeschäden." Dagegen abgegrenzt wird die Bildung von Gewohnheiten:

> Wunsch (jedoch nicht Zwang) zur fortgesetzten Einnahme und keine oder nur geringe Neigung zur Dosissteigerung bei weitgehendem Fehlen von Entzugserscheinungen und ausschließlich individuellen Folgeschäden.[56]

So kann man Stimmungsaufheller wie Prozac von *Drogen* unterscheiden. Durch Drogen wie Heroin schädigt der Süchtige sich selbst massiv. Drogen machen ihre Opfer auf die Dauer unfähig, ihre Rolle in der Gesellschaft zu spielen und ihren Alltag zu meistern. Sie führen zu psychischen und physischen Krankheiten, ja zum Tod. Die Realität wird durch künstlich erzeugte Glücksge-

fühle ersetzt. Drogen täuschen den Konsumenten über sich selbst
und seine Umgebung. Bei all diesen Punkten sind Stimmungsaufheller unbedenklicher. Dass sie die Gesundheit massiv gefährden
ist nicht nachgewiesen, sie machen nicht im physischen Sinne süchtig. Sie können neue Kraft zum Handeln geben und sie erlauben
nicht, sich aus der Realität zu verabschieden, wenngleich sie verlei-
ten, diese zu positiv zu interpretieren. Allerdings scheint ein „maturing out" Effekt beobachtbar zu sein: Irgendwann lässt die Wirkung von Prozac nach, es scheint keine zeitlich unbegrenzte Verbesserung des Befindens zu garantieren. Das Gehirn versucht jedes
Überangebot von Neuroenhancern herunterzuregulieren, es rea-
giert aktiv auf dieses Angebot. So steht sowohl bei emotionalem
wie bei kognitivem Enhancement zu befürchten, dass man die
Dosen solange erhöhen müsste, bis keine Wirkung mehr eintritt.
Das ist ähnlich wie bei Drogen. Zumindest auf absehbare Zeit gibt
es keine zeitlich unbegrenzte Verbesserung.[57]

Peter Kramer ergänzt eine wichtige Beobachtung:

> Die öffentliche Debatte über Geschichten von dunklen Nebenwirkungen von
> Prozac ist faszinierend. Sie repräsentiert, wie ich denke, unsere kulturelle
> Überzeugung, dass es keine dauerhafte gute Stimmung gibt, was hoch geht,
> muss auch runter kommen.[58]

Vielleicht suchen wir auch nach Nebenwirkungen und Analogien
zu Drogen, damit wir nicht unsere bisherigen Urteile über Stimmungsaufheller revidieren müssen? Verordnen wir uns selbst einen
Blick auf die Nebenwirkungen, um der großen Verlockung besser
gewachsen zu sein, die uns gleichzeitig Angst macht?

Aber es geht natürlich nicht nur um Nebenwirkungen, sondern
auch um die beabsichtigten Wirkungen, was sich schon oben in
Sams Geschichte angedeutet hat:

> Es wäre bedenklich, wenn Prozac meine Persönlichkeit ändern würde, auch
> wenn es mir eine bessere Persönlichkeit geben würde, einfach weil es nicht
> *meine* Persönlichkeit ist. Diese Art von Persönlichkeitswechsel scheint ein
> Angriff auf die Ethik der Authentizität zu sein.[59]

Das wird uns im 3. Kapitel beschäftigen. Aber schon jetzt können
wir festhalten: Einige Patienten Kramers berichten, sie seien durch
Prozac erst „richtig zu sich selbst gekommen", hätten ihr Selbst
sogar Prozac zu verdanken. Prozac wirkt so zwar nur auf eine
„substantielle Minderheit", aber immerhin, es wirkt oft so.[60] Damit
ist Prozac bei einigen Menschen de facto ein Enhancer mentaler
Eigenschaften. Mood-Enhancement befindet sich also nicht nur im
Tierversuchsstadium, sondern ist bereits Realität.

1.6 Starb Methusalem eines verfrühten Todes?

Die maximale Lebenserwartung von Mäusen kann man bereits um bis zu 75 Prozent steigern, wenn sie im Labor entsprechend behandelt werden. Und dabei sind diese Mäuse bis ins hohe Alter sehr vital. Die *Anti-Aging-Forschung* macht Fortschritte: Wann können wir den ersten Menschen aus dem Labor erwarten, der älter wird als Methusalem? Um Erfolge zu erreichen, werden verschiedene Maßnahmen kombiniert, die ein höheres Alter erzielen helfen, indem sie das Altern selbst eindämmen:

1. *Gentechnische Eingriffe*: Wenn man ein einziges Gen verändert, kann die maximale Lebensspanne von männlichen Nematoden (Fadenwürmern) um das 6,4-fache ansteigen.[61] Übertragen auf den Menschen würde das bedeuten, diese etwa 760 Jahre alt werden zu lassen. Methusalems biblisches Alter würde also niemanden mehr beeindrucken. Es gibt offensichtlich Gene, die für die Lebensspanne mitverantwortlich sind, was auch bei Fruchtfliegen und Mäusen bestätigt wurde, so dass der Altersforscher David Gems schreibt: „Die potentielle Lebensspanne und die Rate des Alterns sind genetisch kontrollierte Aspekte, wie Größe, Geschlecht und Augenfarbe, die Geheimnisse des Alterns und seiner Abwehr liegen in den Genen."[62]

Die bisherigen Eingriffe bei Mäusen haben jedoch deren Fruchtbarkeit deutlich verringert.

2. *Strikte Diät:* Eine drastische Diät, bei der die Menge der Kalorien um bis zu 40 Prozent reduziert wird, lässt viele Tiere länger leben und länger vital bleiben. Allein einer solchen Diät verdanken etwa Mäuse und Ratten ein bis zu 50 Prozent längeres Leben.[63] Dabei muss auf eine ausgewogene Ernährung geachtet werden. Auch einige unserer nächsten Verwandten, die Affen, hungern seit 1980 für die Forschung. Da Affen langlebig sind, liegen noch keine abschließenden Ergebnisse vor, aber ein deutlicher positiver Effekt auf ihre Gesundheit ist erkennbar.[64] Die Forscher hoffen, den Grund für diese Auswirkungen zu erkennen, um dann Methoden zu entwickeln, wie man diese Wirkungen erzielen kann, auch ohne Tiere fast verhungern zu lassen.

3. *„Freie Radikale" verringern*: Beim Stoffwechsel fallen Sauerstoffmoleküle mit einem ungebundenen Elektron an, die chemisch sehr aktiv sind. Sie verursachen diverse Schäden an Zellen und deren DNA. Der Körper produziert „Anti-Oxidantien", welche diese freigelassenen Radikalen zerstören, wenngleich nicht alle.

Studien zeigen, dass die Gabe künstlicher Anti-Oxidantien das Leben von Mäusen deutlich verlängert hat.[65]

4. *Telomere*: An den Enden der Chromosomen befinden sich die sogenannten Telomere. Sie verkürzen sich mit jeder Zellteilung und es wird vermutet, dass zu kurze Telomere letztlich dafür sorgen, dass Zellen sich nicht weiter teilen und sterben. Krebszellen können dem entgehen, indem sie das Enzym Telomerase herstellen. Man sucht nun nach Wegen, die Verkürzung auch bei normalen Zellen zu verhindern, ohne Krebs zu erzeugen.[66]

Somit wurden einige der wichtigsten möglichen Verbesserungstechniken dargestellt und Chancen und Risiken aufgezeigt. Noch sind die Möglichkeiten zur Verbesserung stark begrenzt, wenngleich einige „Enhancer" bereits existieren und genutzt werden. Aus derzeitigen Grenzen aber zukünftige Unmöglichkeiten abzuleiten, ist riskant. Schon im Falle des genetischen Engineering sieht man, dass die gerade noch für prinzipiell gehaltenen Probleme, DNA zielgenau einzufügen, durch neue Forschungen zu Zink-Finger-Proteinen plötzlich überwindbar erscheinen. Wie Silver überzeugend darstellt, lebt Fortschritt von der permanenten Überwindung ehemaliger Unmöglichkeiten, sodass sich bestätigt, dass man gut daran tut, offensiv zu diskutieren, was sich für eine ethische Situation ergibt, wenn wir über kurz oder lang all das erhalten, was wir wünschen. Hier haben wir die einmalige Chance, als Ethiker zu agieren statt auf technischen Fortschritt zu reagieren und so das Potenzial ethischer Überlegungen zu prüfen, bevor „das Kind in den Brunnen gefallen ist".

2. Der perfekte Mensch in einer „imperfekten" Gesellschaft

> Ein Mensch, der als Alpha genormt ist, würde
> wahnsinnig werden, wenn er die Arbeit eines Epsilon-
> Halbidioten verrichten müsste; er würde wahnsinnig
> werden oder alles kurz und klein schlagen. Nur ein
> Epsilon kann die Opfer eines Epsilons bringen, aus
> dem einfachen Grund, dass sie für ihn keine Opfer
> bedeuten. Seine Normung hat Schienen vor ihn
> hingelegt, auf denen er laufen muss.
> – Aldous Huxley (2003, 220)

2.1 Zukunftsvisionen

USA, 15. Mai 2350: Die vereinigten Staaten existieren immer noch. Die extreme gesellschaftliche Polarisierung, die in den achtziger Jahren des 20. Jahrhunderts begann, ist an ihr logisches Ende gelangt: Alle Menschen gehören nunmehr einer von zwei Klassen an. Die Menschen der einen Klasse werden als *die Naturbelassenen* bezeichnet, die der zweiten als *die GenReichen*. Während die rassischen Unterschiede weitgehend verschwunden sind, ist ein anderer Unterschied markant hervorgetreten, der sich leicht definieren lässt: zwischen Menschen, deren Erbgut verbessert wurde, und Menschen, bei denen dies nicht der Fall ist. Die GenReichen – ungefähr 10 Prozent der amerikanischen Bevölkerung – haben allesamt synthetische Gene: Erbgut, das im Labor geschaffen wurde und das es in der menschlichen Rasse nicht gab, ehe Reproduktionsgenetiker im 21. Jahrhundert anfingen, es am Menschen einzusetzen. Die GenReichen sind die moderne Version des Erbadels: genetische Aristokraten.

Nicht alle gegenwärtigen GenReichen können ihre ‚Gründerväter' bis ins 21. Jahrhundert zurückverfolgen, als die Genanreicherung erstmals perfektioniert wurde. Im 22. und sogar noch im 23. Jahrhundert konnten einige Familien aus der Klasse der Naturbelassenen die erforderlichen Mittel zusammenbekommen, um ihre Kinder in der Klasse der GenReichen platzieren zu können. Doch im Laufe der Zeit wurde die genetische Distanz zwischen Naturbelassenen und GenReichen immer größer, und inzwischen gibt es kaum noch Aufstiegsmöglichkeiten aus der einen in die andere Klasse.

Alle Bereiche der Wirtschaft, der Medien, der Unterhaltungsindustrie und der Wissensindustrie werden von GenReichen kontrolliert. GenReich-Kinder gehen auf Privatschulen, wo ihnen alle Möglichkeiten zu Gebote stehen, um ihr erweitertes genetisches Potenzial auszuschöpfen. Demgegenüber arbeiten die Naturbelassenen als schlecht bezahlte Dienstboten und Arbeiter. Ihre Kinder gehen auf öffentliche Schulen. Doch im 24. Jahrhundert haben diese kaum noch etwas mit ihren Vorläufern aus dem 20. Jahrhundert gemein. Die Mittel für das öffentliche Bildungswesen sind seit dem Beginn des

21. Jahrhunderts ständig gesunken, und jetzt werden die Kinder der Naturbelassenen nur noch in ganz elementaren Fertigkeiten unterrichtet, die sie benötigen, um die ihnen überhaupt noch offenstehenden Aufgaben zu bewältigen.

Zwischen GenReichen und Naturbelassenen gibt es zwar immer noch Mischehen, doch üben GenReich-Eltern auf ihre Kinder intensiven Druck aus, ihr teuer erworbenes genetisches Erbe nicht auf diese Weise zu verwässern. Im Laufe der Zeit wird diese Form der Klassenmischung ohnehin immer seltener werden, denn dafür sind die Voraussetzungen des sozialen Umfelds und der Genetik zu unterschiedlich. Über das soziale Umfeld braucht man nicht viele Worte zu verlieren: Die Kinder der GenReichen und die der Naturbelassenen wachsen in scharf voneinander getrennten sozialen Sphären auf, so dass kaum Kontaktmöglichkeiten bestehen.

Bei einer landesweiten Untersuchung der wenigen überhaupt noch auffindbaren Ehepaare aus Klassenangehörigen der GenReichen und der Naturbelassenen stellten die Soziologen einen überraschend hohen Grad der Unfruchtbarkeit fest: 90 Prozent. Der Prozess der Artentrennung zwischen GenReichen und Naturbelassenen hat bereits begonnen.[68]

2.2 Begriffliche Etüden

Kann man Verbesserungen im *Idealfall* begrüßen, also wenn sie ohne große Nebenwirkungen zu haben, wirklich wirksam sind? Wenn es schon im Idealfall zu viele Bedenken gibt, braucht man über den *Realfall* nicht mehr zu reden. Erst nachdem man weiß, dass man eine Verbesserung im Idealfall wünschen würde, muss man die realen Techniken prüfen: Wie weit ist die Wirklichkeit vom Idealfall entfernt und will man die Verbesserung unter realen Bedingungen haben? Ähnlich sieht es Jonathan Glover:

> Nehmen wir als ein Gedankenexperiment an, alle technischen Barrieren, Gene auszuwählen, wären beseitigt. Natürlich haben solche Gedankenexperimente ernsthafte Begrenzungen. Aber manchmal müssen wir einen Schritt zurücktreten und fragen, wohin wir gehen und wohin wir gehen wollen. Unbegrenzt von derzeitigen praktischen Möglichkeiten, gibt es ethische Barrieren, die wir nicht überwinden sollten?[69]

Die technischen Fakten des ersten Kapitels will ich vorerst ausblenden, um die Analyse des Idealfalls auf den Weg zu bringen. Da es momentan noch kaum technische Fakten gibt, wäre es auch höchst spekulativ, die ethischen Analysen an die technischen Möglichkeiten anzupassen. Die Gefahr, von neuen Techniken überrollt zu werden, und dann keine Maßstäbe verfügbar zu haben, wäre groß. Da man bei der Diskussion von Verbesserungen sehr viel über unser Bild vom Menschen und von der Gesellschaft lernt, wäre diese Diskussion selbst dann von Wert, wenn viele Enhancement-phantasien niemals wahr werden.

Was wäre also, wenn wir wirklich das bekommen könnten, wo-von wir meinen, dass es unser Leben verbessern würde? In diesem Kapitel wird uns beschäftigen, was mit unserer Gesellschaft gesche-hen könnte, wenn sich viele Bürger technisch verändern ließen. Dabei sind die sozialen Folgen nicht daran gebunden, dass man sie gerade durch Enhancement erzeugt. Jede Technik, welche etwa die Chancengleichheit in bisher nicht bekanntem Ausmaß verändern würde, wäre in derselben Weise problematisch wie Enhancement. Nur dass andere Techniken mit derartig radikalen Effekten für unser Zusammenleben bislang nicht zur Debatte stehen. Bevor wir in die Details gehen, müssen wir einige Begriffe klären, damit wir wissen, worüber wir reden. Beginnen wir mit „Enhancement" oder „Verbesserung".

In der Einleitung wurde schon gesagt, dass unter Enhancement *Eingriffe*[70] *in den gesunden Körper* verstanden werden sollen, die unternommen werden, um Menschen zu verbessern. Begrenzt man den Begriff nicht auf Eingriffe *in den Körper*, wird er zu weit. Man könnte auch Sonnenbrillen, Staubsauger und letztlich jede Technik als Enhancement bezeichnen, ohne die spezifischen Probleme, die das Phänomen spannend machen, in den Blick zu bekommen. Zudem ist Enhancement *keine Therapie*, bezieht sich also nicht auf Krankheiten. Wo genau Krankheit beginnt, ist eine schwer zu be-antwortende Rückfrage. Es gibt wie bei vielen Begriffen einen klar erkennbaren Kern und problematische Ränder. Für unsere Zwecke ist allerdings kein präziser Begriff der Krankheit erforderlich, denn einerseits weisen die allermeisten hier besprochenen Techniken ganz klar über die Therapie hinaus und andererseits werden die ethischen Bewertungen nicht an der Frage festgemacht, ob ein Ein-griff therapeutisch ist oder nicht (vgl. Kap. 2.9).

Das Wort „verbessern" *wertet* positiv. Man kann es so verste-hen, dass ein verbessernder Eingriff, immer schon gelungen und begrüßenswert ist. Ist es aber nicht gerade die Frage, ob technische Eingriffe in die Natur des Menschen „Verbesserungen" sind? Darf man überhaupt vom „Verbessern" sprechen, wenn man den Wert von technischen Eingriffen hinterfragen will? Wenn ich sage, dass ich Müllers Gedächtnis „verbessert" habe, hört sich das so an, als ob diese Veränderung für Müller gut war. Das scheint auszuschlie-ßen, dass die Situation eintreten könnte, in der Müller von seinen vielen Erinnerungen verfolgt wird und sie nicht mehr loswird. Ich bezeichne daher neben unstrittigen Verbesserungen auch Ergebnisse von Eingriffen, die *in der Absicht zu verbessern* durchgeführt wurden als Verbesserungen, unabhängig davon, ob diese Absicht auch erfüllt wurde. So kann auch ein exakt arbeitendes Gedächtnis, was seinem Besitzer aber das Leben erschwert, weil er in der Flut der Informationen zu ersticken meint, als Verbesserung bezeichnet werden. Ohne diesen Kunstgriff kann man den zentralen Begriff „Enhancement" oder sein deutsches Pendant kaum noch verwenden, wenn man die Probleme von Eingriffen diskutieren will. Aber gerade diese Begriffe haben sich international in den Diskussionen fest etabliert.

Zentrale Verbesserungen werden durch Staaten angeordnet, bestes Beispiel ist die grausame Nazi-Eugenik. Dort hat der Staat festgelegt, was für ein Leben gut ist. Geistig Behinderte, die diesem Ideal nicht entsprachen, durften sich nicht fortpflanzen und wurden zwangssterilisiert bzw. auf brutale Weise für Experimente missbraucht und getötet. D. h. der Staat hat definiert, was eine Verbesserung sein soll und hat seine Vorstellungen den Menschen auch aufgezwungen. Dieser dunkle Schatten liegt nach wie vor über der ganzen Debatte um Eugenik und andere technische Verbesserungen des Menschen. Der genormte Arier „von der Stange" scheint stets hinter solchen Bestrebungen zu lauern. Aber die heutige Debatte um Verbesserungen setzt ganz anders an. Es werden fast nur noch *dezentrale bzw. liberale Verbesserungen* diskutiert. Dabei geht die Initiative von Elternpaaren oder den Menschen mit dem Wunsch nach Veränderung aus, die ihre Entscheidungen über die technisch manipulierbaren Eigenschaften ihrer Kinder oder ihrer selbst treffen. Dabei kann der Staat sich völlig passiv verhalten und dem Markt seinen Lauf lassen.[71] Wenn wir uns aber in einer sozialen Marktwirtschaft befinden, wird der Staat auch bei dezentralen Verbesserungen einen gesetzlichen Rahmen schaffen, um beispielsweise die Chancengleichheit in der Gesellschaft zu wahren. Und wenn der Staat manche Entscheidungen des Einzelnen über Verbesserungen fördert oder z. B. finanziell benachteiligt, kann nicht automatisch davon gesprochen werden, dass man zu zentralen Verbesserungen übergehe.[72] Der Punkt ist, dass bei liberalen Verbesserungen die Entscheidung von Eltern oder den veränderungsbereiten Menschen selbst getroffen wird, ob und wie sie verbessert werden wollen. Die Freiheit der Fortpflanzung und die Selbstbestimmung bleiben gewahrt und das ist ein Unterschied.

So wird durch die Unterscheidung zentral/dezentral geklärt, in wessen Händen die Entscheidung liegt. Ob etwas verbessert wird, entscheidet der Staat oder der Einzelne. Es muss aber auch noch innerhalb der Konzeption des liberalen Enhancements geklärt werden, wer die *Definitionshoheit* hat, zu bestimmen, was verbessern bedeutet. In der Regel wird man meinen, dass *der Verbesserte selbst* die Instanz ist, die bestimmt, was er für eine wirkliche Verbesserung hält. Der Patient mit dem ultrapräzisen Gedächtnis kann festlegen, ob dieser Eingriff für ihn das Leben verbessert hat, bzw. ob die Absicht mit der der Eingriff erfolgte auf Verbesserung gerichtet war. Aber natürlich könnten etwa *Eltern* auch das pflegeleichte und gehorsame Kind als eine Verbesserung ihrer eigenen Position empfinden und in Kauf nehmen, dass das Kind darunter leiden wird. In der Erziehung wird das in gewissen Grenzen toleriert. In diesem Fall haben die Eltern eines Menschen und nicht er selbst die Definitionshoheit. Folglich brauchen wir eine weitere Unterscheidung, nämlich die von *selbst definiertem* und *fremd definiertem* liberalem Enhancement. Bei selbst definierten Verbesserungen bestimmt der Betroffene selbst, was eine Verbesserung ist bzw. sein soll, bei fremd definierten nicht. Selbst definierte Verbesserung ist der Fall, von dem in diesem Buch vorrangig ausgegangen wird. Fremd definiertes Enhancement kann zentral sein, wenn es vom Staat ausgeht. Es ist dezentral, wenn Eltern – nach Maßgabe ihrer eigenen Interessen – für ihr Kind entscheiden. Wenn die Eltern jedoch nur stellvertretend im besten Interesse des Kindes entscheiden, wird diese Entscheidung später am Willen des Kindes überprüfbar und sollte in eine selbst definierte übergehen. Vielleicht nennt man das am besten eine *mutmaßlich selbst definierte* Verbesserung.

Viele Missverständnisse entstehen, weil die Gegner und Verteidiger von Enhancement oft über einen ganz wichtigen Unterschied hinwegsehen. Die Verteidiger wiegeln ab. Sie betonen, dass Verbesserungen ja nur Erziehung mit anderen Mitteln seien. Ob man etwas beherrscht, weil man vier Wochen gelernt oder weil man mit einer Pille einen Tag gelernt hat, das Ergebnis ist dasselbe. Die Ziele von Erziehung und Enhancement, etwa mehr Intelligenz und ein besseres Gedächtnis, bleiben dieselben. Die Gegner malen Horrorbilder an die Wand, wenn sie eine Welt voller Chimären oder willenloser Klonkrieger heraufbeschwören. Dabei wird mit Ängsten massiv eingeschüchtert. Übersehen wird von beiden Parteien der Unterschied zwischen moderaten und radikalen Verbesserungen.[73]

Moderate Verbesserungen liegen vor, wenn bereits beim Menschen existierende Eigenschaften gesteigert werden und zwar in moderaten Schritten. Wenn Menschen plötzlich ganz neue Dinge, etwa Infrarotlicht sehen können, hat man sie nicht nur moderat verbessert. Wenn ein IQ um 8 Punkte durch technische Eingriffe erhöht wird, wäre das der Musterfall einer moderaten Verbesserung. Hier wird nicht versucht, einen neuen Menschen zu schaffen, der die Dimensionen des Bekannten sprengt und etwa einen Durchschnitts-IQ von 150 hat. Und es wird auch nicht versucht, viele Menschen zu Genies zu machen, also etwa die meisten IQ's auf 145 zu heben. Ein *Maßstab für moderate Schritte* könnte sein, dass die einzelnen Verbesserungen, die durch die Technik erzielt wurden, auch im Prinzip durch Erziehung, Training oder Psychotherapie[74] hätten erreicht werden können. Dann kann man für dieses Enhancement die von den Verteidigern stark gemachte *Analogie zur Erziehung* etc. tatsächlich ziehen, zumindest wenn man nur die sozialen Folgen betrachtet.[75]

Ganz anders bei *radikalen Verbesserungen*. Ihre Befürworter geben sich oft „transhumanistisch", wollen neue Wesen schaffen oder zumindest manche Menschen in die Nähe der derzeit möglichen Spitzenwerte bringen, die diese durch „konventionelle Mittel" nicht erreichen würden. Eine Analogie zu Erziehung und Training gibt es nicht. Die Grenzen, die bisher für unsere Art üblich waren, sollen häufig gesprengt werden. Hier sind dann all die schillernden Visionen von Supermännern angesiedelt, die Infrarotlicht sehen können. Lee Silver, ein anerkannter Molekularbiologe aus Princeton und Gutachter der US-Regierung, gibt ihnen Ausdruck:

> Wenn sich etwas im Laufe der Evolution bereits entwickelt hat, dann sollte es uns *möglich* sein, dessen genetische Basis zu ergründen und diese ins menschliche Genom zu übernehmen. Ein relativ einfaches tierisches Merkmal, das in diese Kategorie fällt, ist die Fähigkeit, im UV-Bereich sehen zu können oder im Infrarot-Bereich – durch sie ließe sich das Sichtvermögen des Menschen im Dunkeln massiv verbessern. Andere Merkmale sind lichtemittierende Organe (aus Glühwürmchen und Fischen), elektrische Organe (aus Aalen) und Wahrnehmungssysteme für magnetische Strahlung (aus Vögeln). (...) Und dann wäre da noch die Radiotelepathie, ein Begriff, den Freeman und Dyson geprägt und definiert haben, um die Fähigkeit eines Menschen (...) zu beschreiben, Informationen in Form von Radiowellen auszusenden und zu empfangen.[76]

Silver meint sogar, das könne zu einer Spaltung unserer Art führen, sodass die „Supermänner" eine neue, nicht mehr mit Menschen paarungsfähige biologische Spezies bilden würden.[77] Zwar sind radikale Verbesserungen weitgehend noch Science-Fiction. Aber sie bilden den Musterfall dessen, über was in Debatten über Verbesserungen wirklich geredet wird und wovor Gegner von Enhancement ständig mit drohendem Ton warnen.

In der Tat hat der Philosoph Nick Bostrom inzwischen eine Gesellschaft gegründet, die den „Transhumanismus"[78] zum Ziel hat. Diese Gesellschaft definiert sich selbst wie folgt:

> Die World Transhumanist Association ist eine internationale nonprofit Organisation, die den ethischen Gebrauch von Technologie zur Vergrößerung menschlicher Fähigkeiten befürwortet. Wir unterstützen die Entwicklung von und den Zugang zu neuen Techniken, die jedermann ermöglichen, sich an besseren mentalen Fähigkeiten, besseren Körpern und einem besseren Leben zu erfreuen. In anderen Worten wollen wir, dass es Menschen besser als gut geht.[79]

Diese Gesellschaft hat nach eigenen Angaben bereits 3000 Mitglieder weltweit.

Allerdings ist die Trennlinie zwischen radikalen und moderaten Verbesserungen nur schwer zu ziehen. Man wird zwischen beiden leider nur sehr grob unterscheiden können. Aber die Unterscheidung ist unverzichtbar, damit die Verteidiger und Gegner nicht weiter von verschiedenen Dingen reden, wenn sie über Verbesserungen sprechen und sich so missverstehen. Allerdings möchte ich moderate Verfahren bis auf weiteres zurückstellen und erst einmal nur über radikale Schritte reden. Anschließend werden wir dann überlegen, welche Folgen zu erwarten sind, wenn wir uns auf moderate Maßnahmen einlassen.

2.3 Utilitarismus – Was ist das?

Bevor wir aber *in medias res* gehen, muss noch ein anderer Punkt geklärt werden. Jede Bewertung geht von einem ethischen Fundament aus, auf dem sie beruht. Welche Ethik soll in diesem Buch zugrunde gelegt werden? Bei vielen Überlegungen versuche ich Wertungen zu formulieren, die fast jede Ethik akzeptieren kann, weil sie nicht von Annahmen ausgehen, die von vornherein für manche Ethiken nicht akzeptabel sind. Zwar argumentiere ich meist, indem ich Folgen analysiere, also „konsequentialistisch" abwäge. Aber damit wird dann nicht automatisch der Anspruch ver-

knüpft, solche Folgenanalysen *allein* seien hinreichend. Aber dass
sie in fast jeder vernünftigen Ethik zählen, ist offensichtlich, weshalb sich fast jeder Ethiker durch solche Überlegungen angesprochen fühlen sollte. Wenn man Bewertungen so breit verankert, ergibt sich der Vorteil, dass sich vielleicht ein Konsens vieler Ethiker
herstellen lässt. Meine eigene Position habe ich *humanen Utilitarismus* genannt und anderen Orts begründet.[80] Von dieser Position
will ich wenigstens an einigen Stellen Gebrauch machen, weil ich
hoffe, dass sie Vorteile gegenüber anderen Ethiken verschafft und
weil ich zeigen möchte, wie dieses Modell in einem Anwendungs-
fall arbeitet. Daher muss ich hier wenigstens den Grundgedanken
dieser Theorie vorstellen. Jeder Utilitarismus geht von folgenden
Grundsätzen aus:

1. *Die Summe des Glücks maximieren*: Es ist ein *an sich wertvolles Gut*, dass Lebewesen möglichst viel Glück empfinden, solange das nicht zuviel Schaden für andere verursacht. Jeder von uns
weiß aus eigener Erfahrung, dass Glück oder weniger pathetisch
gesagt, „Zufriedenheit", ihm selbst viel wert ist und jedem anderen
auch. Vor die Wahl gestellt, ob wir eine Welt mit glücklichen
Wesen oder ein Ödland schaffen wollen, würden wir das Ödland
ablehnen, was zeigt, dass uns Glück an sich wertvoll ist. Unter
Glück versteht der Utilitarist angenehme Gefühle aller Arten, die
von der Befriedigung durch Nahrung bis hin zur Befriedigung
durch Kunst und Wissenschaft reichen. Der Utilitarist will das
Glück (= den Nutzen) *maximieren*, d.h. er möchte, dass die Menge
von Glück auf der Welt maximal wird, denn wenn Glück gut ist
und zudem das einzige Gut (s.u.), dann ist nicht zu verstehen,
wieso man davon weniger realisieren sollte, wenn man mehr erzeugen könnte.

Mit seinem Streben nach universellem Glück grenzt sich der
Utilitarist scharf vom *Egoisten* ab, der nur sein eigenes Glück maximieren will. Leider werden beide Positionen trotzdem oft ver-
wechselt, denn wörtlich genommen ist der Utilitarismus eben eine
„Nützlichkeitslehre" und sehr oft bezeichnet man so auch das
heute gängige Streben nach persönlichem Gewinn. In Wahrheit
könnte der Unterschied zwischen dem ethischen Utilitarismus und
einer Lehre, die den je eigenen Profit zum höchsten Ziel erklärt,
nicht größer sein. Der Utilitarist will den Gesamtnutzen in der
Welt maximieren und das ist nicht egoistisch, sondern es ist *uni-
versalistisch* gedacht, weil das Allgemeinwohl sehr stark, für viele
Kritiker sogar zu stark gemacht wird.

2. *Nur ein Wert zählt*: Für den Utilitaristen zählt nur das Glück. Alle anderen Werte will er in die eine „Währung" Glück umrechnen. Glück wird als die Quelle verstanden, aus der alle anderen moralischen Werte entspringen. Gerechtigkeit hat z. B. nur dann einen Wert, wenn sie das Glück vermehrt. Wäre es nicht völlig gleichgültig, ob eine Gerechtigkeit existieren würde, die kein Glück schafft und mit der sich deshalb niemand besser fühlen würde als ohne sie? Würden wir den, der diese Gerechtigkeit durchsetzen will, nicht der fanatischen Prinzipienreiterei verdächtigen? Wäre er nicht jemand, der die Lebewesen zugunsten eines abstrakten Ideals aus den Augen verliert?

Nehmen wir das Beispiel Sadomasochiens. Das ist eine Welt, die aus Sadisten und Masochisten besteht. Die einen quälen gerne Menschen, die anderen werden gerne gequält. Allerdings sagen die Masochisten den Sadisten nicht, dass sie ihre Qualen genießen, denn das würde den Sadisten den Spaß verderben. Beide Gruppen sind maximal befriedigt in ihrer Welt, das Glück ist groß. Nun kommt ein irdischer Alltagsmoralist und bemängelt, dass Sadomasochien zutiefst ungerecht sei, dass die Sadisten die Masochisten ausbeuteten und dass die Menschenwürde letztlich beider Gruppen zerstört werde. Dann ändert er diese Welt, die danach gerechter und menschenwürdiger ist, aber die unglücklichen Sadisten und Masochisten träumen von der schönen Vergangenheit, selbst wenn der Besucher von der Erde nach seinem „Missionsakt" alles getan hat, um den Bürgern Sadomasochiens seine Werte nahe zu bringen. Zeigt dies nicht, dass Gerechtigkeit und Menschenwürde nur abgeleitete Werte zweiter Ordnung sind, die nur moralisch wertvoll sind, wenn sie das Glück vergrößern?

Was macht nun speziell den *humanen Utilitarismus* aus? Jeder Utilitarismus will die Interessen *aller* von einer Entscheidung Betroffenen bei seiner „Glücksbilanzierung" berücksichtigen. Denn wenn man Interessen erfüllt, wird sich dadurch in der Regel das Glück derer erhöhen, die diese Interessen haben. Die Erfüllung von Interessen ist oft ein Wegweiser zum Glück.[81] Nun haben aber viele Utilitaristen versucht, eine bestimmte Sorte von Interessen auszuklammern oder nur beiläufig zu behandeln, die so genannten „externen Präferenzen".[82] Was ist damit gemeint? Ein Beispiel: Es ist augenfällig, dass auch diejenigen, die gegen Abtreibung demonstrieren und Mahnwachen vor dem Sitz des US-Präsidenten einrichten, von der Abtreibungsdebatte betroffen sind. Ihre vitalen Interessen werden durch Regeln für Abtreibungen berührt, ja einige

machen es sich zur Lebensaufgabe, gegen solche Regeln zu kämpfen. Ein humaner Utilitarist muss auch die Interessen der Gegner
von Abtreibungen beachten, die „extern" genannt werden, weil
diese Gegner nicht wie etwa Mutter und Embryo direkt von einer
Abtreibung betroffen sind. Vielmehr haben sie Interessen, mit
denen sie sich um Interessen anderer Lebewesen sorgen, hier etwa
um die des zukünftigen Kindes. Kurz, diese Interessen haben nicht
die Struktur „Ich will, dass ich x erhalte, erlebe usw.", sondern „Ich
will, dass Q x erhält, erlebt usw.", wobei Q ein beliebiges Lebewesen ist. Viele Ethiker wollen diese externen Präferenzen nicht berücksichtigen.[83] Für den humanen Utilitaristen zählt jedes Interesse[84], also auch eine externe Präferenz. Sonst müsste man erst einmal
angeben, nach welchen zusätzlich zum Nutzen zu definierenden
Kriterien bestimmte Interessen aussortiert werden dürfen. Dann
würde aber der Utilitarismus, der eine vollständige Ethik sein will,
von ihm vorgelagerten Kriterien abhängig, mit denen Interessen
sortiert werden. Damit würde der Wertmonismus aufgegeben, da
dann zwei Werte über die Moralität entscheiden würden.

Was bringt es für Vorteile, externe Präferenzen zu beachten?
Betrachtet man diese Interessen mit, nähert sich das utilitaristische
Urteilen automatisch den moralischen Intuitionen der Mehrheit
der Bevölkerung an. Hinter der Intuition, dass Abtreibung verboten werden sollte, steht meist ein Interesse, dieses Verbot durchgesetzt sehen zu wollen. Intuitionen gehen in Interessen über und
zählen daher im Utilitarismus, wenn dort jedes (rationale) Interesse berücksichtigt werden soll. So kann man verhindern, dass eine
beliebig große Distanz zwischen den Intuitionen der „Menschen
auf der Straße" und den utilitaristischen Urteilen des Ethikers entsteht. Dem Utilitarismus wird häufig zur Last gelegt, dass er die
gängigen moralischen Intuitionen maximal brüskiert. Der Utilitarist vertritt für seine Gegner viele – gemessen an der Common
Sense Moral – *inhumane* Positionen. Genau hier setzt der humane
Utilitarist an und versucht, eine Verteidigungslinie aufzubauen,
indem er die Alltagsintuitionen und damit das, was man im Alltag
für human hält, in seine Ethik einbaut, sie also humanisiert.

Weiterhin wird ein humaner Utilitarist jedenfalls darauf achten,
was „all things considered" den Interessen der Lebewesen entspricht. *Strukturelle Konsequenzen*, etwa auch bzgl. des Entstehens
von Ängsten in der Gesellschaft und bzgl. der Gefährdung des sozialen Friedens sind immer mit zu bedenken.[85] Viele Angriffe auf
den Utilitarismus suggerieren eine künstliche Situation, in der es

nur wenige Betroffene gibt und in der der Utilitarist schnell einer absurden Entscheidung überführt werden kann. Aber die Welt ist kein Labor, es gibt komplexe langfristige Wirkungen, etwa bezüglich des Vertrauens in gesellschaftliche Institutionen oder in gesetzlich garantierte Rechte.

Kurz noch ein Blick darauf, welche *Pflichten* sich für einen humanen Utilitaristen ergeben. Er soll wie alle Utilitaristen die Summe des Glücks auf der Welt maximieren. Diese Pflicht besteht natürlich auch, wenn *Staaten* und nicht nur Individuen Akteure sind. Allerdings muss immer auch geprüft werden, ob eine Maßnahme zwar prima facie betrachtet Glück schafft, aber letztlich z. B. so hohe Kosten verursacht, dass sie die Glücksbilanz negativ beeinflusst.

2.4 Die „Schöne neue Welt" hat ausgedient

Nun aber zu den sozialen Folgen von Enhancement – zuerst zu denen von *zentralen Verbesserungen*. Zentrale Verbesserung ist ein Konzept, das aus der sozialdarwinistischen eugenischen „Fortschrittsbewegung" des 19. Jahrhunderts stammt. Die Eugeniker orientierten sich ausschließlich am „Gemeinwohl". Dabei ist ihr Begriff davon nicht derselbe, den wir heute verwenden. Heute meinen wir mit Allgemeinwohl das Wohl aller Individuen. Damals verstand man darunter die Förderung der Rasse oder der evolutionären Auslese. Das waren Instanzen, denen die Menschen ihre einzelnen Interessen unterzuordnen hatten. Francis Galton, ein Vetter von Charles Darwin, war die Leitfigur der Eugenik-Bewegung, die die Leiden der Welt mit Eugenik bekämpfen wollte. Es entstand eine neue Religion, die den „Fortschritt" pries und das Motto „Helft dem Starken" kultivierte.[86] Es ging darum, den „geeigneteren Rassen und Blutlinien" eine bessere Chance zu geben, sich gegen die weniger geeigneten zu behaupten.[87] Dafür forderte Galton, dass geistig Behinderte sich nicht fortpflanzen dürfen und dass Hilfen für die sozial Schwachen überprüft werden sollten. Sie führten für ihn dazu, dass „Minderwertige" sich zu stark vermehrten. Solche Gedanken passen nicht zu den Haupttraditionen unserer Ethik. Zwei Einwände gegen zentrales Enhancement werde ich kurz diskutieren:

1. Unsere ganze freiheitliche Gesellschaft müsste umgebaut werden, bis staatliche Gebote bei der Planung intimster Bereiche der Bürger eine Rolle spielen könnten. Der Staat müsste z. B. be-

stimmen, wer sich fortpflanzen darf, welche Embryonen eingepflanzt, welche abgetrieben und welche Menschen auf welche
Weise mit Implantaten, Pillen oder neuen Genen versorgt werden
müssen. Das klingt nach einer Sciene-Fiction-Utopie, in der die Eltern nur als Gebärmaschinen und die Kinder nur als Arbeitsbienen
für das Wohl des Staates vorkommen. So eine Gesellschaft ist uns
heute völlig fremd, wir garantieren die *Freiheit der Fortpflanzung*.
Individuelle Rechte haben sich bewährt und sind ein Fundament
unserer Ethik und Gesellschaft. Der Preis für zentrale Verbesserungen sprengt unsere Vorstellungskraft, denn er bestünde im
Ende unserer freiheitlichen Gesellschaft.

2. Zentrale Verbesserungen würden dem *Missbrauch* Tür und
Tor öffnen. Herrschende Gruppen im Staat könnten sich Vorteile
sichern wollen. Insbesondere wenn Diktaturen sich dieses Mittels
bedienen, ist nichts Gutes zu erwarten. Natürlich ist die Gefahr
eines Missbrauchs allein kein schlagendes Argument gegen eine
neue Technologie. Aber wenn eine Technologie dazu besondere
Möglichkeiten eröffnet, muss man sie mitdiskutieren.

Das müsste ausreichen, um zu zeigen, dass Huxleys „Schöne
neue Welt" nicht zu rechtfertigen ist. Allerdings: Wenn ein wirk-
licher *Notstand* vorliegt, der die Existenz der Menschheit konkret
in Frage stellt, können auch staatliche Eingriffe in die Freiheit der
Fortpflanzung legitim sein, wenn sie der Rettung dienen. Wenn das
Leben vieler so gerettet werden kann, können vorübergehende radikale Beschränkungen der Freiheit dadurch gerechtfertigt werden.
Immerhin, ohne Leben gibt es keine Freiheit, die Sicherung der
Existenz hat Vorrang.[88] Selbstverständlich müsste aber eine hohe
Wahrscheinlichkeit bestehen, dass ein Staat seine Macht nicht missbraucht. Diese gesamte Option ist wohl nur im Fall einer konkreten Krisensituation vorstellbar. Zudem muss der Staat zuvor
vergeblich versucht haben, die Dinge durch Anreize zu steuern, da
man die Entscheidungen der Bürger etwa durch Steuererleichte-
rungen oder Zuschüsse beeinflussen kann. Radikale Eingriffe in die
Freiheit sind, wenn überhaupt, dann nur das letzte Mittel.

2.5 Verbesserung als Erbprivileg

Welche sozialen Probleme können durch radikale dezentrale Verbesserungen entstehen? Darum geht es in den kommenden drei

Abschnitten. Sie sollen mögliche soziale Folgen *allgemein* charakterisieren, die nicht ohne ein gewisses Maß an Spekulationsfreude vorherzusehen sind. Niemand weiß Genaues. Zwei Techniken stehen im Vordergrund: Ich nenne sie Verbesserung als Erbprivileg und Verbesserung für jedermann. Über ihre Vor- und Nachteile werden wir in diesem und den nächsten beiden Abschnitten mehr erfahren. Im achten Abschnitt werden die allgemeinen Folgen von moderatem und kompensatorischem Enhancement diskutiert. In den letzten Abschnitten des Kapitels sollen einzelne Projekte *konkret* bewertet werden. Stehen etwa eher körperliche oder auch mentale Eigenschaften auf der Agenda? Es geht darum, die in der ersten Hälfte des Kapitels erarbeiteten allgemeinen Kategorien auf die konkreten Probleme zu beziehen.

Bevor wir einzelne Gefahren besprechen, muss aber geklärt werden, wozu Enhancement überhaupt dienen soll. Worin bestehen die *Vorteile* der Idee, Menschen zu verbessern? Verbesserungen würden die Welt für die Verbesserten vielleicht schöner machen. Wenn Eingriffe bei autonomen Menschen durchgeführt werden, können diese selbst entscheiden, welche Eigenschaften sie erhalten möchten. So können sie ihre Interessen direkt umsetzen. Kinder könnten mit Eigenschaften ausgestattet werden, die sie nicht darauf festlegen, einen bestimmten Lebensplan zu verfolgen, sondern die ihnen als Allzweckmittel[89] in jeder Lebenslage hilfreich sind. So bedeuten ein gutes Gedächtnis und hohe Intelligenz sicher kaum ein Hindernis, sondern in der Regel erleichtern sie das Leben des Einzelnen. Und das oft unabhängig vom kulturellen und historischen Kontext, in dem die Kinder aufwachsen (vgl. 3.6).

Die Vorteile kann man auf drei Begriffe bringen. Verbesserungen könnten dem Einzelnen nutzen, indem sie ihm zu *besseren Leistungen* verhelfen (Wettbewerbsvorteile), aber auch weil es einfach *Freude* bereitet, sein schönes Gesicht im Spiegel zu betrachten, sich etwas schnell und gründlich merken oder pfeilschnell laufen zu können (private Vorteile).[90] Von Verbesserungen werden auch Vorteile für die Gesellschaft insgesamt erwartet (gesamtgesellschaftliche Vorteile). Gäbe es in einer Welt mit vielen besonders intelligenten Menschen in Spitzenpositionen nicht mehr Erfindungen, mehr Wirtschaftswachstum und mehr Steuereinnahmen?[91]

So schreibt Ramez Naam euphorisch:

> Menschen mit besserem Gedächtnis und schnellerer Auffassungsgabe werden mehr Geld verdienen und mehr für andere produzieren. (…) Das wird unsere Fähigkeit steigern, Probleme zu lösen, wissenschaftliche Durchbrüche zu schaf-

fen und bessere Produkte zu erzeugen. Ärzte und Schwestern, die länger aufmerksam sein können, werden weniger Fehler bei der Behandlung von Patienten
machen. Schlauere Ingenieure werden bessere Produkte produzieren, die unser
Leben verbessern werden. (...) Insgesamt, unsere Gesellschaft wird reicher werden. Das ist keine Spekulation. (...) Die Korrelation zwischen dem Durchschnitts-IQ eines Landes und seines BIP liegt bei dem unglaublich hohen
Faktor 0.76.[92]

Und natürlich kann man sich jenseits neuer Wachstumsphantasien
eine Gesellschaft vorstellen, die weniger Konflikte kennt, weil Eltern weniger aggressive Kinder in die Welt setzen, die viel Selbstvertrauen und kaum Minderwertigkeitsgefühle haben. Das könnte
das Klima friedlicher, offener und freundlicher für alle machen.

Wettbewerbsvorteile könnten unsere Welt allerdings erheblich
ungerechter machen. Private Vorteile sind da eher harmlos. Aber
könnten sich viele private Vorteile nicht unerwartet als Vorteile im
Wettbewerb erweisen? Um sich klar zu machen, welche Dimension die Probleme erreichen können, muss man zwei verschiedene
Techniken unterscheiden:

Verbesserung als Erbprivileg: Hier geht es um Veränderungen
durch „Keimbahntherapie" oder Klonierung. Sie werden zu Erbprivilegien, wenn keine Techniken existieren, um schon geborene
Individuen mit den neuen Eigenschaften auszustatten, die andere
bereits durch gentechnische Eingriffe oder Kloning erhalten haben.
Bestimmte Eigenschaften gibt es nur „von Anfang an oder gar
nicht". Wer also nicht genetisch verändert auf die Welt kommt, hat
Pech gehabt und keine Chance, den radikalen Vorsprung der bereits Veränderten einzuholen.

Verbesserung für jedermann: Rein technisch kann bei dieser
Option jedermann jederzeit verbessert werden. Sei es mit gentechnischen, operativen oder chemischen Mitteln. Niemand ist also
prinzipiell von Verbesserungen für jedermann ausgeschlossen.

Was würden diese beiden Techniken für unser soziales Leben
bedeuten, wenn sie sich in radikalen Verbesserungen niederschla-
gen? Gäbe es Erbprivilegien, würden dauerhaft zwei Gruppen parallel existieren, ähnlich wie Silvers GenReiche und Naturbelassene.
Viele Schwangerschaften sind *nicht geplant* und schon deshalb werden nicht alle Menschen in den Genuss von Verbesserungen kommen, die voraussetzen, dass zuvor in die Keimzellen eingegriffen
wurde.[93] Das könnte zu dramatischen Ungerechtigkeiten führen,
wenn es sich um Privilegien handelt, von denen abhängt, ob man
gesellschaftlichen Erfolg hat. Eine neue und drastische Form der
Zwei-Klassen-Gesellschaft droht, wenn z.B. Manager, Wissenschaft-

ler und Spitzensportler de facto aus einer erbdynastischen Kaste optimierter Menschen stammen. Thomas Jefferson[94] hat es auf den Punkt gebracht, als er von einer Welt sprach, in der nur noch Menschen mit Sattel auf dem Rücken oder Menschen mit Stiefeln und Sporen geboren werden. Die Leistungsvorsprünge der „Supermenschen" kann ein „Normaler" selbst mit Stipendien und immensem Fleiß nicht mehr aufholen.[95] Diese Klassengesellschaft setzt sich auch bei den Kindern der Normalen fort, denn die erblich verbesserten Menschen würden eine neue erbliche Aristokratie etablieren, wenn nicht in der Politik, dann doch de facto beim Einnehmen von Schlüsselpositionen. Für die Benachteiligten wäre das tragisch, man denke nur an den Hollywood-Film „Gattaca", wo die unveränderten Menschen die Putzkolonnen für die Büros der genetisch perfekten Raumfahrer stellen. So etwas könnte den sozialen Frieden torpedieren: „Wie kann ich es schaffen, aufzusteigen?" Diese Frage, die sich nicht nur amerikanische Tellerwäscher stellen, wäre für Normale sinnlos. Sie könnten gar nicht aufsteigen und ihre Kinder ebenso wenig. Dieses Wissen wirft die Menschen in eine gefährliche Mischung von Aggression und Resignation.[96] Zwar ist nicht in jeder ungerechten Gesellschaft der soziale Friede brüchig, aber das Risiko dafür erhöht sich mit krass zunehmenden Gerechtigkeitslücken.

Aber wird hier nicht mit Kanonen auf Spatzen geschossen, solange komplexe mentale Eigenschaften nicht manipuliert werden können und nur Dinge wie ein besseres Immunsystem oder eine gesteigerte Körpergröße angestrebt werden?

Sicher, die Prämisse der bisherigen Argumentation war, dass Verbesserung als Erbprivileg dann gefährlich wird, wenn es sich um Eigenschaften handelt, die bedeutende Wettbewerbsvorteile verschaffen. Natürlich kann man dagegen halten, der Stand der Technik erlaube nicht, dass solche Eigenschaften derzeit auf die Tagesordnung kämen. Aber selbst wenn man die gerade aufgeführten, „harmlosen" Eigenschaften betrachtet, werden problematische Folgen sichtbar: Auch ein drastisch verbessertes Immunsystem kann die Chancen auf dem Arbeitsmarkt verbessern.[97] Der Arbeitnehmer, der nie krank ist, ist hochwillkommen. Natürlich zeichnet sich die bedrohliche Folge einer fest zementierten, drastischen Zwei-Klassen-Gesellschaft bei den gerade diskutierten „harmlosen" Verbesserungen nicht so deutlich ab, wie bei den zuvor angesprochenen geistigen Eigenschaften. Aber eine Tendenz ist erkennbar.

Fazit

Alle Verbesserungen, die zu einer festen (erblichen) und bisher unbekannt drastischen Zwei-Klassen-Gesellschaft beim Kampf um soziale Schlüsselpositionen führen, sind zu ungerecht und daher abzulehnen. Wenn Gerechtigkeit und sozialer Frieden für unsere Gesellschaft nicht verzichtbar sind, dann kann man eine drastische Zwei-Klassen-Gesellschaft nicht tolerieren, denn diese bedeutet das faktische Ende aller Chancengleichheit.

Ist dieser Begriff aber hier überhaupt anwendbar? *Chancengleichheit* heißt traditionell, dass die Bürger bei gleichem Einsatz gleicher Fähigkeiten prinzipiell die gleichen sozialen Aufstiegschancen haben. Die sollen nicht durch ihre gesellschaftliche Ausgangsposition (Armut, Rasse, Geschlecht usw.) behindert werden.[98] Das behinderte Mädchen, dessen Vater dem Alkohol zum Opfer fiel und dessen Mutter an der Supermarktkasse jobbt, soll genauso studieren können wie der braungebrannte Sprössling einer Anwaltsfamilie, wenn beide intelligent und fleißig sind. Bei Verbesserungen muss man weiterdenken, denn man kann nicht mehr die „natürliche Lotterie" voraussetzen, wie das die klassischen Verteidiger der Chancengleichheit getan haben. Es wird nun zum Thema, wie natürliche Eigenschaften verteilt werden, die sonst unverfügbar waren.[99] Das kann man entweder direkt zu einem Problem der Chancengleichheit erklären oder man kann indirekt argumentieren. Wenn es nämlich vom Geldbeutel der Eltern abhinge, welche natürlichen Fähigkeiten und damit auch welche Chancen zum Aufstieg die Kinder hätten, wäre die Chancengleichheit im traditionellen Sinne ebenfalls verzerrt. Ihr Kern besteht darin, dass solche sozialen Vorbedingungen nicht über die Zukunft der Bürger entscheiden sollen. Insofern wäre die Chancengleichheit bei Enhancement jedenfalls in Gefahr.

Sicherlich ist die Chancengleichheit auch heute schon beeinträchtigt. Schon die Natur verteilt ihre Gaben ungerecht und die Gesellschaft kann oder will sich die Förderung der sozial Schwachen oft nicht mehr leisten. Aber nur weil die Natur uns Unterschiede mitgibt und diese also natürlich sind, sind sie nicht auch schon gut (vgl. Kap. 4). Wenn man Menschen radikal verbessert, droht *eine neue Qualität* der Ungleichheit, denn es ginge um ganz andere Dimensionen als die Dinge, die sich reiche Eltern immer schon über zusätzliche Bildung kaufen konnten. Insofern ist es kein gutes Argument, auf die heutigen Defizite bei der Chancengleichheit zu verweisen.

Diese neue Qualität manifestiert sich wie folgt: Bei radikalen Verbesserungen als Erbprivileg wäre der Vorsprung der verbesserten Kinder niemals einholbar und würde wie gesagt ganz andere Dimensionen erreichen, als bisher bekannt. Auch wenn der Staat versuchen würde, das zu kompensieren (Stipendien, BAfÖG etc.), könnte das daran nichts ändern.[100] Im Bewusstsein des nicht verbesserten Menschen könnten sich zwei gefährliche Gedanken bilden. Erstens würde er denken, dass er selbst und seine Kinder nun *für alle Zeiten* einer Art minderwertiger Kaste angehören. Zweitens entstünde eine große Wut auf die ungerechte Verteilung in der Gesellschaft, die den Reichen auch noch dieses Privileg zuspricht. Zwar mag auch die Natur beim Verteilen von Intelligenz und anderen Gaben ungerecht sein, aber daran lässt sich nichts ändern, während soziale Ungerechtigkeiten in diesem Maße Wut und aktiven Widerstand hervorrufen würden. Gegen die Natur kann man nicht protestieren, gegen die Privilegien der Reichen aber schon. All dies würde den direkt Betroffenen schaden und die Interessen der restlichen Mitglieder der Gesellschaft auf mindestens zwei Weisen berühren:

Der soziale Friede wäre bedroht; und unsere mehrheitlichen (westlichen) Präferenzen,[101] in was für einer Art von Gesellschaft wir leben wollen, würden verletzt. Wir sehen uns als aufgeklärte und halbwegs liberale Subjekte an, die in einer freiheitlichen Gesellschaft organisiert sind. Eine Aristokratie mit Kastensystem einzuführen, widerspräche unseren Vorstellungen einer modernen Gesellschaft, in der wir leben wollen und auch unserem westlichen Bild von uns selbst, weil extreme Ungerechtigkeit mit beidem nicht vereinbar ist. Wir haben die Feudalgesellschaft hinter uns gelassen und sind auch stolz darauf. Zumindest die meisten Mitglieder westlicher Gesellschaften haben ein Interesse daran, nicht auf diese barbarische Stufe der Entwicklung zurückzufallen.

Das soll keine „Gleichmacherei" begründen. Aber eine beliebig große Ungleichheit in der Gesellschaft würde diese nicht verkraften. Es geht mir also darum, *Grenzen der Ungleichheit* zu formulieren und die sehe ich beim radikalen Enhancement überschritten. Dem werden sowohl die Ethiken zustimmen können, die in der Chancengleichheit einen Wert an sich erkennen wie auch andere Ethiken wie der von mir vertretene humane Utilitarismus, welcher der Gerechtigkeit nur einen abgeleiteten Wert zuweist.

2.6 Verbesserung für jedermann

Der Vorteil dieser Option liegt auf der Hand: Hier droht nicht zwangsläufig eine unrevidierbare und mit der Geburt festliegende Klassengesellschaft. Rein technisch könnte jeder verändert und jederzeit „nachgerüstet" werden. Aber auch dann nützt Verbesserung für jedermann wenig, wenn sie nur *reichen* Bürgern zugänglich wäre. Solange das so bliebe, würde die Ungleichheit der Chancen problematisch. Verbesserung für jedermann kann de facto zu ähnlichen Folgen führen wie Verbesserung als Erbprivileg: Erneut droht die fest zementierte, drastische Zwei-Klassen-Gesellschaft, wenn der Staat nicht gegensteuert. Manche Verbesserungen für jedermann wären, wenn überhaupt dann nur denkbar, wenn de facto allen Bürgern Zugang zu den neuen Techniken gewährt würden. Das wäre eine Aufgabe des Staates, die ich *sozialstaatliches Enhancement* nenne.[102]

Zunächst noch einmal ein liberaler Einwand gegen ein solches Verständnis von den Aufgaben des Staates: Reiche Bürger können ihre Kinder auf teure Privatschulen schicken und ihnen so Vorteile verschaffen. Das haben wir akzeptiert und ob nun diese Vorteile durch genetische, technische oder pädagogische Maßnahmen erzielt werden, ist kein wesentlicher Unterschied.[103] Manche schlechte Folgen von Verbesserungen drohen sowieso nur, wenn sich große Massen dazu entschließen und nicht, wenn man Verbesserungen auf z.B. reiche Eliten beschränkt. Wieso sollte man den Kindern dieser Eliten Vorteile verschließen?

Diese Argumentation hält nicht stand, wenn sie für radikale Verbesserungen vorgebracht wird, die Vorteile im Wettbewerb verschaffen: Es ist eine Tatsache, dass die Chancengleichheit de facto an vielen Stellen nicht mehr besteht. Aber bei radikalen Verbesserungen könnte eine *qualitativ neue Ungleichheit* hinzukommen. Die Gründe dafür wurden schon erwähnt. Zwar würden bei Verbesserungen für jedermann prinzipiell Chancen bestehen, auch selbst verändert zu werden, aber solange der Staat dies nicht jedem ermöglicht, würde es de facto eine Option für Reiche bleiben. Wenn der Staat nicht gegensteuert, würde sich eine für immer zementierte Ungleichheit ergeben. Für diesen Effekt reichen auch vergleichsweise wenige optimierte Kinder von Eliten aus, die alle Spitzenpositionen unter sich aufteilen.

Da hilft es auch wenig, mit dem Bioethikrat des amerikanischen Präsidenten darauf zu pochen, dass technischer Forschritt häufig auch langfristig die Lage der Armen verbessert und den Wohlstand insgesamt mehrt, weil er nach einer Zeit billiger wird und zu den unteren Schichten „durchsickert".[104] Zwar haben die Armen heute manchmal auch Fernseher und Kühlschränke und ihnen geht es durch diesen technischen Fortschritt verglichen mit der Zeit davor besser, auch wenn sich der Abstand zwischen arm und reich vergrößert hat. Aber radikale Verbesserungen als Erbprivileg werden die Gesellschaft radikal in zwei Klassen spalten: diejenigen, die von Geburt an mit großen Chancen und die, welche den Rest des Lebens ohne große Chancen leben. Bei dieser Technik wird es kein „durchsickern" geben. Und selbst wenn Verbesserungen für jedermann verfügbar wären und diese tatsächlich „durchsickern" würden: Die bei den Armen ankommenden Technologien wären stets veraltet und nicht mehr konkurrenzfähig. Die privilegierte Klasse könnte ihre Vorteile halten oder ausbauen, wenn sie quasi auf modernen Computern arbeitet und bei den Armen gerade elektrische Schreibmaschinen auf dem Vormarsch sind. Nun kann man, was die privaten Vorteile betrifft, meinen, dass das eine echte Verbesserung für die Armen sei. Aber anders als Kühlschränke haben Enhancements auch große Wettbewerbsvorteile, die sich in Aufstiegschancen manifestieren. Diese Vorteile wären bei radikalen Enhancements viel größer als bei allen uns bekannten Technologien und man wird mit veralteter Technologie keine Chance haben, gegen Reiche zu konkurrieren. Und wenn wirklich auf dem Wege des „Durchsickerns" konkurrenzfähige Techniken für alle verfügbar würden, blieben immer noch die meisten der Probleme, die wir nun beim sozialstaatlichen Enhancement für jedermann diskutieren werden.

2.7 Enhancement gratis

Gehen wir nun davon aus, der Staat würde radikale Verbesserungen für jedermann jedem ermöglichen. Welche Probleme ergeben sich dabei?

1. Wer soll das bezahlen? Unsere Sozialsysteme sind bereits bis an die Grenzen strapaziert. Hier käme eine ganz neue und teure Aufgabe auf den Staat zu, wollte er jedem Bürger Verbesserungen finanzieren, damit er nicht zweitklassig sein muss. Ein System, das derzeit nicht einmal alle medizinischen Aufgaben finanzieren

kann, wäre mit neuen Aufgaben überlastet. Zuerst sollte das Geld für alle Maßnahmen, bei denen es um „Leben und Tod" geht, gesichert werden, ehe man neue Aufgaben ansteuert.[105] Natürlich kann man mit Bostrom und Naam darauf verweisen, dass Verbesserungen die Wirtschaft beflügeln und so dem Staat wieder Geld einbringen würden.[106] Aber die Zusammenhänge zwischen mehr Leistung, mehr Verdienst und mehr Steuereinnahmen sind in Zeiten der Globalisierung und der Standortsicherung alles andere als geradlinig. Millionäre zahlen oft weniger Steuern als Mittelständler. Die These, dass hier die Kosten eines neuen Kernpfeilers der Sozialpolitik eingespielt werden könnten, ist fragwürdig. In der Tat müsste man aber hier mit Ökonomen diskutieren und gegebenenfalls die skeptische Einschätzung von Bostroms und Naams Argument revidieren.

2. Was würde aus Nigeria? Nicht alle Staaten könnten Geld in sozialstaatliches Enhancement investieren, was die *Kluft zwischen armen und reichen Ländern* eklatant vergrößern würde.[107] Allerdings ist diese Kluft sowieso derart groß, dass nicht behauptet werden kann, Verbesserungen würden hier eine qualitativ neue Ungleichheit schaffen.

3. Wäre die Wahl neuer Eigenschaften jedem Elternpaar oder jedem direkt Betroffenen selbst überlassen, wäre es wahrscheinlich, dass bestimmte, fast in jeder Lebenslage hilfreiche Merkmale überproportional häufig ausgewählt würden. Wer würde nicht für sich oder seine Kinder wünschen, schön, sportlich und intelligent zu sein?[108] Und dafür gibt es gute Gründe, weil man in möglichst vielen Situationen der unberechenbaren Zukunft gut dastehen will. Aber unsere Gesellschaft lebt von *Verschiedenheit*, gerade auch im Wirtschaftssystem, das ohne *Arbeitsteilung* gar nicht funktionieren würde. Diese Diversität könnte durch radikale Verbesserungen Schaden nehmen. Eine Welt, in der vorrangig Genies leben, könnte auch Probleme schaffen. Nehmen wir den Fall von Albert. Alberts IQ wurde verbessert und jetzt ist Albert natürlich davon überzeugt, dass er mehr kann, als Angestellter im Einkauf eines großen Konzerns zu sein. Aber nicht nur Albert, sondern fast alle aus seiner alten Abschlussklasse in der Schule wurden radikal verbessert. Daher wollen sie alle nun endlich die Früchte ernten und renommierte Top-Jobs haben. Wenn Albert und seine Freunde auf den Markt drängen, könnte sich die Nachfrage nach bestimmten Berufen über die Maßen erhöhen, während auf anderen Feldern keine Arbeitskräfte mehr zu finden wären. Hätte ein großer Teil der

Menschen ähnliche Fähigkeiten, dann würden diese Menschen dieselbe Nische in der Arbeitswelt und der Gesellschaft besetzen wollen. Diese Nische könnte sich als entschieden zu klein entpuppen und dann hätten wir es z. B. mit einem Heer unzufriedener hoch qualifizierter Arbeitsloser und überqualifizierter Arbeitnehmer zu tun. Stellen wir uns nur Albert vor, der nach einigen Jahren ergebnisloser Jobsuche frustriert ist und dann irgendwann vielleicht ein Opfer von Predigern sozialen Hasses und sozialer Gewalt wird.

Und selbst wenn die Gesellschaft es schaffen würde, viele neue attraktive Arbeitsplätze zu schaffen, wie würde man die Lücken bei den nicht mehr nachgefragten Arbeiten schließen? Man kann argumentieren, die Gesellschaft müsse ihre Arbeitswelt dann eben umstrukturieren, so dass *Maschinen* die unattraktiven Arbeiten übernehmen. Es gibt jetzt schon eine Tendenz so zu rationalisieren. Allerdings würde das, was man hier in Zukunft fordern müsste, den Rahmen unserer Vorstellungskraft sprengen. Alle Tätigkeiten für heute durchschnittlich Qualifizierte müssten an die Technik delegiert werden, denn radikal verbesserte Menschen würden sie oft nicht ausüben wollen. Das betrifft auch den Dienstleistungssektor und normale Bürotätigkeiten. Warum sollte Bernd mit einem IQ von 200 Interesse daran haben, Verkäufer in einer Boutique zu sein?

Können wirklich alle Arbeiten, etwa in der Landwirtschaft, in der Altenpflege und im Baugewerbe von Maschinen ausgeübt werden? Zudem würde dieser Rationalisierungsschub Arbeitsplätze vernichten und ob genügend attraktive Arbeitsplätze für die vielen verbesserten Menschen mit sehr ähnlichen Qualifikationen geschaffen werden könnten, kann man bezweifeln. Jedenfalls ist es nicht überzeugend, eine radikale Veränderung mit ungewissen Folgen (Verbesserungen) dadurch akzeptabler machen zu wollen, dass man zusätzlich eine andere radikale Veränderung mit ungewissen Folgen (umfassende Rationalisierung) fordert. Es fordert uns schon immens, die Folgen einer „Enhancement-Revolution" abzuschätzen. Nun eine zweite Revolution zusätzlich zu verlangen, indem man fordert, unsere Wirtschaftswelt völlig umzugestalten, schafft keine Klarheit, sondern weitere Probleme.

4. Es entstünde sowohl bei sozialstaatlicher Regelung wie bei einem „Durchsickereffekt" ein immenser Druck auf den, der sich nicht verändern lassen will, nennen wir ihn den Veränderungsskeptiker oder kurz den *Skeptiker*. Zwar könnte sich vielleicht jeder mit Hilfe eines generösen Sozialstaats verändern lassen, aber das

würden viele Menschen nicht wollen. Dafür gibt es gute Gründe. Man könnte z.B. zweifeln, ob die eigene *Identität* durch eine Veränderung nicht beeinflusst wird (vgl. Kap. 3.3). Was nützt es einem, wenn aus einem selbst ein verbessertes Wesen entsteht, das nicht mehr man selbst ist? Hier hängt vieles davon ab, welche Theorie der personalen Identität man hat und ab wo man graduelle Veränderungen des Selbst als gravierend empfindet. Aber manche Skeptiker könnten meinen, sie wollten auf diesem unklaren Gebiet kein Risiko eingehen und einfach nur „bei sich bleiben". Diese Skeptiker könnten auch meinen, dass man auf die Leistungen nach einer Verbesserung nicht mehr stolz sein könne, weil man sie nicht mehr sich selbst zurechnen dürfe. Der Verbesserte könnte sich durchweg als „Betrüger" fühlen. Bei gedopten Sportlern meinen ja auch viele, dass deren Leistungen nicht zählen sollen, weil sie nicht von den Sportlern allein erbracht wurden. Solche Argumente sind nicht von der Hand zu weisen.

Allerdings würde es für den Skeptiker sehr schwer, seine Abstinenz durchzuhalten, wenn um ihn herum viele Menschen verändert und mit Wettbewerbsvorteilen ausgestattet würden. Wenn sich der Skeptiker nicht elementare Chancen nehmen will, in der Gesellschaft erfolgreich zu sein, bleibt ihm kaum eine Wahl: Er muss am „Wettrüsten" teilnehmen, damit er noch konkurrieren kann.[109] Beharrte der Skeptiker auf seiner Position, würde das sich je nach seiner sozialen Position verschiedenartig unangenehm auf ihn auswirken. Ein ehemals *gut gestellter Skeptiker*, der vorher z.B. einen Spitzen-IQ hatte, wird am härtesten getroffen. Er kann um die Führungspositionen nicht mehr konkurrieren. Ein Skeptiker *mit mittleren Fähigkeiten* könnte das Glück haben, dass die vielen nach einem Enhancement eventuell qualifizierteren Leute um Jobs an der Spitze der Gesellschaft kämpfen und ihm keine direkte Konkurrenz machen. Allerdings wird es an der Spitze eben nur beschränkte Job-Angebote geben. Deshalb steht zu erwarten, dass relativ viele, der dank Technik Besserqualifizierten, dann in die Marktnische des ehemals Mittelmäßigqualifizierten einbrechen und ihn verdrängen. Das verschlechtert die Lage für ihn drastisch.

Die Chancen für die *schlecht gestellten Skeptiker* sind eventuell nicht wesentlich schlechter geworden, wenn radikale Verbesserungen zugelassen werden. Nehmen wir das Beispiel von Otto. Er mistet täglich im Pferdestall die Boxen aus. Er hat die Schule abgebrochen und seitdem jobbt er. Nun wird Enhancement erlaubt. Otto hatte vorher die schlechtesten Chancen und bewarb sich auf die schlechtesten Positionen. Das wird er auch weiterhin tun, wenn er einmal nicht mehr misten wird. Aber: Es gibt noch wesentlich mehr Leute als zuvor, die ungleich besser qualifiziert sind als Otto, wenn sich viele verbessern lassen. Ginge es strikt nach Qualifikation, wäre Otto bei neuen Jobs noch später an der Reihe als zuvor. Allerdings könnte es sein, dass bei den einfachen Tätigkeiten, auf die sich Otto bewerben könnte, weitere Qualifikationen nicht hilfreich sind. Es würde dann bei diesen Jobs eher auf die Persönlichkeit als auf Qualifikationen ankommen. Dann würde sich Ottos Lage also nicht dadurch verschlechtern, dass die Zahl der ungleich besser Qualifizierten steigt. Das ist anders als bei den besser gestellten Skeptikern.[110] Im Gegenteil: Keiner der Verbesserten wird Otto die Arbeit im Pferdestall neiden und die Gesellschaft wird sich nach Kräften bemühen, mehr Jobs an der Spitze und im Mittelfeld, also jenseits der Marktnische unseres Skeptikers zu schaffen. Wie schon oben ausgeführt, wäre es dann sogar möglich, dass ein Mangel an Arbeitskräften bei den schlechten Positionen zu befürchten steht. In diesem Fall könnte es für Otto sogar einfacher werden, einen anderen Job in seiner Marktnische zu finden. Auch er würde dann von radikalen Verbesserungen anderer profitieren, wenngleich nicht drastisch, denn es würden sich für ihn keine neuen Chancen bieten. Er würde lediglich etwas einfacher in seiner alten „schlechten" Marktnische zurechtkommen.

Allerdings könnte es vielleicht passieren, dass Skeptiker von der Gesellschaft immer weniger akzeptiert werden, wenn nur wenige Menschen freiwillig dieses Los auf sich nehmen und so als „Exoten" leben. Das *Verständnis für Skeptiker* könnte abnehmen. Vielleicht würde auch die Politik immer weniger Rücksicht nehmen. Die Interessengruppe der Schlechtgestellten war bislang schon wegen ihrer Größe politisch nicht völlig zu übergehen, während sie sicher wesentlich kleiner ausfallen dürfte, wenn sich viele radikal verbesserten. Jedoch halte ich es für realistischer, dass die Zahl der Skeptiker groß bleiben wird, denn der Trend zur natürlichen Lebensweise scheint zu wachsen.

Aufgrund des Gesagten ist es schwierig, ein Fazit zu ziehen, das die Position der Skeptiker bei radikalem sozialstaatlichen Enhancement oder bei einem Durchsickern radikaler Techniken im Markt beschreibt. Einige werden eventuell in manchen Hinsichten (leicht) besser gestellt, andere jedenfalls gravierend schlechter. Insgesamt betrachtet, gibt die Lage der Skeptiker also großen Anlass zur Sorge.

5. Wettbewerbsvorteile, die sich der Einzelne vor einem Eingriff ausrechnen könnte, könnten nicht eintreten, wenn sich breite Teile der Bevölkerung verbessern lassen. Wie gesagt, es wäre sicher vernünftig, Allzweckmittel für sich auszuwählen. In einer Gesellschaft, in der es normal geworden ist, schön, stark und intelligent zu sein, wird dies aber keinen besonderen Wettbewerbsvorteil bedeuten. Diese Vorteile *heben sich auf*, wenn sie weit verbreitet sind. Also bestünde die Gefahr, dass sich die Verbesserungswilligen über die Folgen eines Eingriffs täuschen, wenn sie hoffen, danach weit besser als die meisten anderen für eine Spitzenposition ausgerüstet zu sein. Was die Chancengleichheit angeht, wäre es natürlich *erwünscht*, wenn Wettbewerbsvorteile sich verringerten. Nur bedeutet das eben nicht, dass sozialstaatliches Enhancement für jedermann nicht zur drastischen Zwei-Klassen-Gesellschaft führt. Es gibt ja immer noch die *Skeptiker*, die im Wettbewerb klar auf der Strecke bleiben werden. So hätte man zwei Nachteile vereint: Für Verbesserte würden vielleicht keine besonderen Wettbewerbsvorteile entstehen, denn es gäbe sehr viele hochintelligente Menschen usw. Gleichzeitig würde aber eine drastische Zwei-Klassen-Gesellschaft mit Blick auf die Skeptiker entstehen.

Allerdings bleibt zu betonen, dass ja neben den Wettbewerbsvorteilen auch noch andere Vorteile bestehen. So bemerkt David DeGrazia zu Recht, dass es für Studenten immer noch gut sein könnte, mit weniger Schlaf auszukommen, weil sie so einfach mehr Zeit für sich und zum Lernen gewinnen könnten. Auch wenn das jeder Student so handhaben würde, würden alle von der zusätzlichen Zeit profitieren.[111]

6. Werden soziale Missstände nicht unbereinigt liegengelassen, weil es möglich wird, die *Symptome* der Missstände technisch zu kontrollieren? Unterminiert man mit Verbesserungen die soziale Lösung von Problemen und macht sich zum *Komplizen* falscher sozialer Normen, etwa der Wettbewerbsmentalität?[112] Diese Gefahr besteht, ist aber nicht neu. Die Ärzte behandeln laufend die Folgen einer falschen Ernährungs- und Lebensweise mit Medikamenten, was eine Reform dieser Lebensweise nicht unterstützt. Wir nehmen lieber eine Pille ein, um Gefahren von Cholesterin abzuwenden, statt uns weniger mit Haxen und Schwenkbraten zu beschäftigen. Einige US-Staaten geben sogar Fluor ins Trinkwasser, um Zähne zu schützen, statt den Konsum von Schokolade zu bremsen.

Es gibt zwei Möglichkeiten: 1) Verbesserungen heben die Folgen sozialer Missstände dauerhaft auf, sind sozusagen eine voll-

wertige Alternative zur Lösung dieser Probleme. Dann besteht
kein Grund, diese Probleme anders zu lösen; 2) Verbesserung
mildert einige Folgen sozialer Missstände, aber behebt die Probleme nicht. In diesem Falle könnte der Elan gebremst werden, die
sozialen Ursachen, etwa unsere Völlerei, zu bekämpfen. Das kann
gefährlich sein, was aber, wie gesagt, bei vielen gängigen Techniken
so ist. Und man kann dem Einwand offensiv mit der Überlegung
begegnen, dass viele große soziale Missstände zwar besser aufge-
löst, statt nur abgemildert würden, aber Hoffnungen auf eine Lösung oft *idealistische Fehlerwartungen sind.* Große strukturelle
Probleme sind langatmig und solange nicht realistisch zu erwarten
ist, dass sie ohne Verbesserungen bald gelöst werden, sind die be-
sagten Angriffe auf Verbesserungen nicht sonderlich ernst zu nehmen. So ist es sicher sinnvoll zum Beispiel zu sagen: Entwicklungs-
länder brauchten eine Landwirtschaft, die vitaminreichen Reis und
andere vitaminreiche Produkte produziert, statt „golden rice",
einen Vitaminreis der Gentechniker. Aber diesen Reis *nur deshalb*
nicht einzuführen, ist verantwortungslos, wenn man nicht klar
sagen kann, wann und wie in den Entwicklungsländern die Art und
Weise der Ernährung reformiert werden soll. Immerhin erfolgt
dieser Wandel seit Jahrzehnten nicht, wieso sollte er gerade jetzt
stattfinden? Und Menschen sterben zu lassen, während sie auf die
Erfüllung eines illusionären Heilsversprechens warten, ist unmoralisch.[113] Der hier behandelte Einwand läuft darauf hinaus, den konkreten Nutzen eines verbesserten Individuums durch Verweise auf
abstrakte und weitgehend vom Einzelfall unabhängige gesellschaftliche Realitäten („Enhancen ist eine Förderung der Wettbewerbsmentalität" etc.) zu opfern, ohne dass sich die gesellschaftlichen
Zustände dadurch bessern werden. Zudem kann man sich die Strategie von Margret Little zueigen machen und einerseits technische
Verbesserungen im Interesse des Individuums befürworten, wo sie
sinnvoll sind, andererseits gleichzeitig die zugrunde liegenden sozialen Missstände politisch bekämpfen.[114]

7. Wird sich das *Klima in unserer Gesellschaft* durch weitver-
breitete Verbesserungen jedweden Grades deutlich verändern?
Wenn wir Probleme mit uns selbst durch Technik lösen, werden
wir uns selbst dann nicht immer mehr als Maschinen sehen?[115]
Droht uns eine Verschärfung der sozialen *Kälte und Gleichgültig-
keit* und zudem ein Verlust der moralischen Verantwortung, die
Maschinen nicht tragen können? Würde diese Tendenz nicht dadurch unterstützt, dass manche Eigenschaften durch Enhancement

zurückgedrängt würden? Was hat Prozac etwa aus dem faulen und kantigen Sam gemacht? Würden wir den *Einheitsmenschen von der Stange* bekommen, wenn Menschen verbessert werden? Werden nur fleißige, schöne, glückliche und intelligente Menschen die Zukunft bevölkern? Würde diese Einförmigkeit die Menschen weiter den Maschinen annähern, so dass *Rücksicht auf den Einzelnen* in Zukunft immer weniger eine Rolle spielen könnte?

Viele spontane Gefühle kommen hier zum Ausdruck. Allerdings relativieren sich die Gefahren bei genauem Hinsehen. Der Trend dazu, den Menschen immer stärker als Produkt seiner Biologie zu sehen, bestimmt die gesamte moderne Wissenschaft. Die aktuellen Debatten um die Hirnforschung demonstrieren das. Verbesserungen würden diesen allgemeinen Trend erneut verstärken, aber es gäbe ihn auch unabhängig davon. Aber könnte man nicht sagen, dass die *Unterschiede zwischen Maschinen und Menschen*, die individuelle Wünsche und Gedanken haben, derart groß sind und bleiben, dass man sie nicht übersehen kann? Werden die, die sie trotzdem übersehen wollen, nicht auch ohne Enhancement genug Gründe dafür finden? Aber zweifelsohne: Manche Technokraten werden Menschen de facto verstärkt als Maschinen betrachten, wenn sie technisch verbessert werden, unabhängig davon, wie nachvollziehbar ihre Gründe dafür sind. Das wird größere soziale Kälte bedeuten. Der hier behandelte Einwand trifft etwas (vgl. Kap. 4.7).

Allerdings gewinnen wir durch Verbesserungen auch etwas hinzu. So dürfte die Zahl der unglücklichen, antriebslosen und frustrierten Menschen auf der Welt schon dann abnehmen, wenn Mittel wie Prozac verstärkt eingesetzt werden. Auch hier steht Sams Beispiel Pate. Das könnte das Klima in der Gesellschaft viel *freundlicher, offener und humaner* machen. Viele verzweifelte, chancenlose Existenzen könnten plötzlich Hoffnung auf eine Zukunft erhalten. Das könnte auch die Kriminalität senken. Also spricht das Argument, dass sich das soziale Klima verschlechtern könnte wenn, dann nur sehr bedingt gegen Verbesserungen schlechthin, unabhängig von der Art und Weise.

Aber was ist mit dem befürchteten Einheitsmenschen? Manche Eigenschaften würden bei denen, die sich verbessern lassen, weniger häufig oder in geringerem Grade vorkommen. Man könnte aber hoffen, dass dies die Eigenschaften sein werden, die dem Glück entgegenstehen. Sams Verluste waren ja eine unbeabsichtigte Nebenfolge und wir diskutieren hier den Idealfall, in dem man solche Folgen vermeiden kann. Wer argumentiert, dass schlechte Eigenschaften zur menschlichen Natur eben dazu gehören, der unterstellt, dass diese Natur einen Wert an sich hat und kann auf das vierte Kapitel verwiesen werden. Manche meinen, zum Glücklichsein brauchten wir Leid und Kummer, weil wir Glück nur im Kontrast zum Leid erfahren. Aber unsere Erde kennt so viel Leid und Kummer, dass diese uns gewiss nicht abhanden kommen werden. Und wenn wir Leid medizinisch bekämpfen, könnte man das genauso kritisieren.

Dass die verbesserten Menschen der Zukunft ähnlichere Charakterzüge und Fähigkeiten als die heutigen Menschen haben werden, würde wahrscheinlich zutreffen. Zwar herrscht Wahlfreiheit bei den Eigenschaften und deshalb bliebe Verschiedenheit erhalten. Aber wenn es Allzweckmittel gibt, werden diese von vielen gewählt werden und das wird *Pluralität verringern*. Aber weder muss man – wie gerade gesehen – notwendig den Verlust mancher Eigenschaften an sich beklagen, noch das Ende aller Individualität befürchten, wenn Verbesserungen stattfinden. Jeder Mensch bringt unterschiedliche *Ausgangseigenschaften* mit, die verbessert werden. Weil dadurch eine individuelle Basis gegeben ist und nicht alle Menschen mit dem gleichen Ausgangsmaterial in Verbesserungen hineingehen, würden sie auch unterschiedlich aus Verbesserungen hervorgehen. Wenn etwa Körperkraft bei allen um den Faktor F verstärkt wird, sind nicht alle gleich stark, wenn sie sich vorher in ihrer Kraft unterschieden haben. Auch der verbesserte Mensch kann anders als seine Mitmenschen bleiben. Allerdings gilt: Dieses Modell steht nur bei *moderatem Enhancement* zu erwarten, wo über einen gewissen Betrag (im Beispiel der Faktor F) nicht hinausgegangen wird. Anders bei radikalen Verbesserungen. Wenn man alle Menschen auf die maximal erreichbaren Spitzenwerte bringt, dann macht man sie auch alle in dieser Hinsicht gleich. Noch einmal am einfachen Beispiel des IQs veranschaulicht: Wenn radikale Schritte erlaubt sind, werden die Menschen vielleicht nur noch mit dem gerade technisch machbaren Spitzen-IQ von 180 leben wollen. Dann realisieren alle Verbesserten den gleichen Endwert. Eine zu große Ähnlichkeit der Menschen könnte aber sowohl negative Folgen für den Arbeitsmarkt haben (s. o.) wie auch das alltägliche Miteinander langweilig und eintönig machen und Kunst und Kultur verarmen lassen: „Being different is beautiful." Das spricht gegen radikale Verbesserungen für jedermann, insbesondere bei Allzweckmitteln, die viele Menschen wählen würden.

8. Die möglichen sozialen Folgen einer radikalen Verbesserung für jedermann sind so schwer zu überschauen, dass sie kaum präzise prophezeit werden können. Technik ist nicht erst dann verantwortbar, wenn man sich über *alle* Konsequenzen ihrer Anwendung im Klaren ist. Das würde bedeuten, keine Technik mehr zuzulassen, denn es verbleibt immer ein Rest Ungewissheit. Aber ist die Ungewissheit zumindest bei manchen Verbesserungen nicht zu groß? Von den Vorteilen haben wir eine relativ gefestigte Vorstellung. Bei den negativen Wirkungen ist das zumindest nicht überall der Fall. Wie es sich genau auswirken wird, wenn sich unser Selbstbild und unsere Wirtschaftsweise radikal verändern, wie die Situation von Skeptikern wirklich aussehen wird, darüber kann man nur Vermutungen anstellen. Hier müssen wir uns „unter Unsicherheit" entscheiden. Dieter Birnbacher führt zu solchen Entscheidungen aus:

> Erweist sich das Ungewissheitselement einer Entscheidungssituation als unelimierbar und sind katastrophale Folgen (...) nicht auszuschließen, so erscheint es plausibel, von mehreren Handlungsalternativen diejenige zu wählen, deren schlimmste nicht auszuschließende Folge vergleichsweise am wenigsten schlimm ist.[116]

Dem stimme ich zu. Katastrophale Folgen (insbesondere eine drastische Zwei-Klassen-Gesellschaft, aber auch eine Störung des gesamten Wirtschaftssystems, s. o.) sind nicht auszuschließen, wenn wir uns radikal verbessern, ja sie sind nicht einmal unwahrscheinlich. Daher sollte man mit Birnbacher die Priorität darin sehen, Katastrophen zu verhindern. Wären wir in einer Situation, in der unsere Existenz auf dem Spiel stehen würde und würden uns Verbesserungen einen Ausweg aus dieser Krise bieten, dann sollten sich die Kriterien dafür ändern, welche Risiken wir uns zu schultern zutrauen. *Aber wir rufen nicht aus der Krise nach Rettung, sondern im Wohlstand nach noch mehr Wohlstand.* Wir setzen möglicherweise ein sehr wertvolles Gut (eine im Großen und Ganzen funktionierende Gesellschaftsordnung im sozialen Frieden) ein und können nichts Gleichwertiges gewinnen.[117] In solchen Fällen, in denen viel mehr zu verlieren als zu gewinnen ist, macht das von Birnbacher formulierte entscheidungstheoretische *Maximin-Kriterium* Sinn.[118]

Fazit: Radikale Verbesserungen für jedermann so zu verteilen, dass der soziale Frieden nicht zerbricht, würde die Staaten überfordern, zumindest viele. Daher würden radikale Enhancements da, wo Wettbewerbsvorteile mit ihnen erreicht werden, zu einer festen und unbekannt drastischen Zwei-Klassen-Gesellschaft führen. Zudem würde selbst sozialstaatliches radikales Enhancement die freie Wahlmöglichkeit des Einzelnen oft untergraben. Skeptiker würden unter ganz erheblichen Druck gesetzt und die Diversität am Arbeitsmarkt und in der Gesellschaft insgesamt wäre erheblich gefährdet. All dies wäre auch der Fall, wenn Enhancement für jedermann nicht sozialstaatlich organisiert würde, sondern im Rahmen einer reinen Marktordnung langsam zu den Schlechtgestellten durchsickern würde, wenn die Kosten von Verbesserungen laufend abnähmen.

Gleichwohl muss man nicht alle radikalen Verbesserungen ablehnen, wenn man sich um die soziale Gerechtigkeit und Diversität sorgt. Rein private Vorteile sind kein Problem für die soziale Ordnung. Es bleibt uns daher nicht erspart, im Einzelfall zu prüfen, ob die Nachteile bestimmter Verbesserungen, die sich in den gerade herausgearbeiteten Kategorien beschreiben lassen, so gravierend sind, dass die Vorteile aufgewogen werden. In Ansätzen will ich dies in den letzten Abschnitten des Kapitels versuchen.

2.8 Wäre Weniger Mehr? Moderates und kompensatorisches Enhancement

Bislang hatte ich mich auf radikales Enhancement beschränkt, das recht utopisch erscheint. Also ist es umso dringlicher, sich mit allgemeinen Argumenten für moderates Enhancement zu befassen. Man kann etwa den IQ durch viele Methoden moderat steigern.[119] Wir streben das durch Bildungsprogramme und andere Maßnahmen permanent an. Ob dieses Ziel pädagogisch oder technisch herbeigeführt wird, macht im Bereich des Sozialen keinen Unterschied,[120] zumindest was die Wettbewerbschancen angeht. Die *Situation des Skeptikers* stellt sich anders dar als beim radikalen Enhancement: Der normal gebliebene Mensch muss auch heute schon mit Leuten konkurrieren, die eine gute Erziehung gehabt haben. Wenn man um interessante Positionen konkurrieren will, muss man sich ständig weiter qualifizieren und anstrengen. Der nicht Verbesserte wird also mit Weniger zufrieden sein oder sich stärker engagieren, wie es in einer Leistungsgesellschaft üblich ist. Geringe Unterschiede kann man vielleicht durch Lernen ausgleichen. Die Konkurrenz ist jedenfalls nicht mehr aussichtslos, denn es geht nicht mehr um riesige Unterschiede, was für manche Formen radikalen Enhancements charakteristisch war.

Die Situation des Skeptikers ist also auf den ersten Blick nicht besonders problematisch. Die sonstigen sozialen Folgen von moderaten Verbesserungen wären ebenfalls nicht überbordend. Leute, die sich im Umfang eines moderaten Enhancements verbessern, gibt es fortwährend. Das ist nichts Neues. Die *Vielfalt in der Gesellschaft* würde nicht verloren. Zwar gäbe es eine Tendenz, intellektuell anspruchsvolle Berufe zu bevorzugen, wenn mehr Menschen ihre Qualifikation steigern. Aber das ist ja auch heute schon der Fall und wird durch aufwendige Bildungsprogramme unterstützt. Beim radikalen Enhancement ist zu erwarten, dass sich das bis zu ganz neuen Qualitäten steigert, die beim moderaten nicht zu befürchten sind. Moderates Enhancement müsste nicht sozialstaatlich organisiert sein, denn die negativen Folgen für die Wettbewerbschancen sind vergleichsweise harmlos, weshalb die Staatskasse nicht einspringen müsste und nicht überfordert würde.

Zwar wäre durch moderate Verbesserungen eine gewisse Verringerung der Spannweite menschlicher Eigenschaften zu erwarten, aber das könnte auch gute Folgen haben und vom *Einheitsmenschen* wäre man noch weit entfernt (s. o. Abschnitt 2.7 Punkt 7). Das *soziale Klima* könnte sich durch moderates Verbessern stärker in Richtung einer Wettbewerbsgesellschaft wandeln, aber Verbesserungen können auch anderen Zielen dienen. Zudem werden wir gleich mit dem Kumulationsproblem einen Aspekt betrachten, durch den deutlich wird, dass moderates Verbessern nicht akkumuliert werden und in einen ständigen Wettlauf zu Spitzenleistungen übergehen darf, wenn es noch moderat genannt werden soll. Daher zeigt sich, dass moderates Verbessern kein geeignetes Werkzeug einer unbeschränkten Wettbewerbsmentalität ist. Weiterhin gilt: Der Trend zur Wettbewerbsgesellschaft besteht auch unabhängig von Enhancement. Enhancement erlaubt es dem unter diesem Trend leidenden Individuum, sich ihm ein Stück weit konstruktiv zu stellen. Das zuzulassen bedeutet nicht, dass man diesen Trend nicht politisch bekämpfen darf (s. o. Abschnitt 7.6). Katastrophale Folgen stehen beim moderaten Verbessern nicht zu befürchten, so dass man hier auch kein *Maximin-Kriterium* anwenden müsste.

Aber: Als moderates Enhancement gedachte Eingriffe haben ein großes Manko. Wie Silver es für Eingriffe beschreibt, die sich der Keimbahntherapie bedienen:

Zunächst werden die Auswirkungen auf die Gesellschaft nur gering sein. Wohlhabende Eltern werden Kinder haben, die weniger krankheitsanfällig sind und mit großer Wahrscheinlichkeit (im Durchschnitt) erfolgreicher sein werden, als sie es ohnehin schon durch den Einfluss der Umgebung, in der sie aufwachsen, gewesen wären. Doch mit jeder Generation werden sich die Früchte der Selektion anreichern. Wenn Alice (ein bereits eugenisch selektiertes Kind, B.G.) und andere Angehörige ihrer selektionierten Klasse sich zusammentun, um die Allele auszuwählen, die sie ihren eigenen Kindern vermachen wollen, dann müssen sie keinen Gedanken mehr an die vielen nachteiligen Allele verschwenden, die ihre Eltern bereits eliminiert haben. Und mit jeder weiteren Generation würde diese Selektion weiter getrieben.[121]

Die Folgen einer solchen Kumulation wären also die eines radikalen Enhancements. Daher sieht Silver auch vorher, dass sich so die Kluft zwischen Arm und Reich wesentlich vergrößern werde. Auf Dauer werde es „Naturbelassene" und „Genreiche" geben, die ein undurchlässiges Klassensystem bilden würden, bis hin zur biologischen Spaltung der Art.[122] Das wäre der bisherigen Argumentation folgend unakzeptabel.

Enhancement dürfte *nicht auf diese drastische Weise kumulativ* sein, wenn es moderat sein soll. Die kumulierten Effekte wären nicht mehr erlernbar, die Analogie zur Erziehung würde versagen. Nehmen wir folgendes Beispiel: Die Leistung, die entsteht, wenn jemand über einen Sprachchip mit dem Vokabular einer Fremdsprache verfügt, kann auch durch Lernen erbracht werden. Aber indem dieser Mensch 30 solcher Sprachchips anhäuft und von Minute zu Minute wechseln kann, entsteht eine Situation, in welcher der Verbesserte Dinge vermag, die jenseits aller Lernbarkeit liegen. Ein solches Enhancement wäre daher nicht mehr moderat.

Wenn die Unterscheidung moderat-radikal nicht kollabieren soll, gilt: Dramatische kumulative Effekte müssten verboten sein und es müsste klar definiert und staatlich kontrolliert werden, um wie viel man z.B. den IQ aufstocken darf, um noch von moderatem Enhancement sprechen zu können. Das könnte eventuell willkürliche Grenzziehungen bedeuten. In der Tat ist es für den Verteidiger moderaten Enhancements eine schwere Aufgabe, Kumulationen zu begrenzen: Müsste man auch verhindern, dass sich technisch verbesserte Menschen nach einem Eingriff *mit Bildung* etc. maximal bemühen, etwa den IQ zu steigern und so den Vorsprung auf die Skeptiker verdoppeln? Wer Technik und Lernen kombiniert, könnte – verdeutlicht an unserem praktischen IQ-Beispiel – seinen IQ um 8 Punkte technisch aufwerten und dann weitere 8 Punkte durch Lernen aufstocken, während der ebenso lernfähige Skeptiker höchstens die zweiten 8 Punkte „mithalten" kann. Das wird man nicht verhindern können, denn selbst wenn man den Zugriff auf technische Mittel wegen daraus resultierender Kumulationen begrenzen kann: Bildung und andere konventionelle Methoden, um die Leistung zu steigern, wird man nicht beschränken können und wollen.

Ebnet das endgültig den Unterschied von moderatem und radikalem Enhancement ein? Eine exakte Analogie der technisch verbesserten Person zur gut trainierten, ist durch diese Kumulationsmöglichkeit nicht mehr gegeben. Und auf diese Analogie auf Ebene der gesamten Person, nicht auf eine Analogie bezogen auf einzelne technische Maßnahmen, wollen diejenigen in der Regel hinaus, die überhaupt solche Analogien bemühen. Aber der Verteidiger des moderaten Enhancements ist noch nicht geschlagen:

1. Um das Problem zu entschärfen reicht vielleicht die Erwartung, dass viele Verbesserte sich nicht die Mühe machen werden, intensiv zu lernen, um ihre ohnehin günstige Position noch einmal zu verbessern. Können sie sich als technisch Verbesserte nicht ihre „Faulheit" leisten? Im Regelfall bliebe dann die Analogie zur Erziehung etc. bestehen.

2. Und wenn man technische Enhancements nicht unbegrenzt anhäufen dürfte, dann wäre der Abstand zwischen dem Skeptiker und dem maximal moderat Verbesserten bei weitem nicht so dramatisch wie beim radikalen Enhancement. Dort würden die verbesserten Menschen vielleicht in ganz andere Dimensionen aufsteigen. An unserem Beispiel verdeutlicht, könnte beim kontrollierten moderaten Verbessern maximal eine Verschiebung von 16-IQ Punkten drohen, nicht von 100 Punkten. Wenn man den Begriff des moderaten Enhancements verteidigen will, muss man ihn also etwas aufweichen und sagen, dass solches Enhancen nicht in *strikter* Analogie zum Lernen etc. gesehen werden kann, aber doch (verglichen mit radikalen Schritten) nicht sehr weit über dieses Maß hinausgeht. Das wird durch die Hypothese, dass viele Enhancer „faul" sein werden, gestützt. Es handelt sich beim radikalen und moderaten Verbessern dann immer noch um zwei deutlich unterscheidbare Dinge, die legitim mit zwei Begriffen zu erfassen sind, indem man definiert, wie oben geschehen und die drastische Kumulation durch Technik ausschließt bzw. die durch Bildung etc. als marginal bezeichnet und außer Acht lässt.

Ein Blick auf die Folgen solcher marginaler Kumulation ist nötig, um moderates Verbessern nach wie vor sachlich zu verteidigen: Menschen, die vor solchen Verbesserungen schlechter als der

Skeptiker gestellt waren, würden das auch vielleicht nach einem moderaten Eingriff noch bleiben. Der Skeptiker wäre nicht zum Leben in einer „Kaste der Zweitklassigen" verdammt. Die Situation für den Skeptiker würde nicht dramatisch verschlechtert, wenn sich nur einige wenige Menschen maximal enhancen *und* konventionell verbessern. Natürlich würden die Chancen des Skeptikers bescheidener, aber hier wird kein starkes Gleichheitsideal verteidigt. Der soziale Friede wäre wahrscheinlich in einer Gesellschaft immer noch intakt, in der moderat verbessert wird, denn diese Gesellschaft unterscheidet sich von der, die wir kennen, nicht grundlegend. Zudem werden die Befürchtungen, die den Skeptiker vom Verbessern abhalten, bei moderaten Schritten geringer sein, da er viel näher an seiner vorher gegebenen Persönlichkeit und seinen vorherigen Fähigkeiten orientiert bleibt als beim radikalen Enhancement. Daher könnte man erwarten, dass beim moderaten Verbessern *weniger* Skeptiker entstehen als beim radikalen.

Ein weitere Möglichkeit, den Skeptiker zu schützen, wäre folgende: Man könnte moderate Verbesserungen so regulieren, dass nur *je eine Eigenschaft pro Person* verbessert werden darf. Es gibt entweder ein besseres Gedächtnis oder mehr Fleiß, beides zusammen ist nicht zu haben. So kann der Skeptiker beispielsweise den Mangel an Intelligenz durch ein mehr an Fleiß und Humor ausgleichen. Zwar gäbe es vielleicht für jede einzelne Eigenschaft E Menschen, die dem Skeptiker durch Enhancement überlegen sind. Aber der Skeptiker könnte über eine Kombination von Eigenschaften (P, T, G) verfügen, die ausgleicht, dass er unterlegen ist, was P, T und G allein betrachtet angeht. Verbesserte dürften also besonders schön *oder* intelligent *oder* stark sein, so dass ein einigermaßen schöner, intelligenter *und* starker Skeptiker den Verbesserten immer noch Konkurrenz machen kann.

Chancengleichheit stellt für den humanen Utilitaristen kein an sich wertvolles Gut dar, sondern lässt sich über das Leiden der Schlechtgestellten, die Wirkungen auf den sozialen Frieden bzw. die Erwartungssicherheit in der Gesellschaft[123] und durch unsere „externen Präferenzen" begründen. Diese Chancengleichheit wird durch moderates Verbessern kaum beschädigt, wenn man *massive* Kumulation verhindert und plausible Grenzen zwischen moderaten und radikalen Eingriffen definiert. Aber damit sitzen wir zwischen zwei Stühlen. Manchen Verfechtern gleicher Chancen wird das nicht genug sein. Und den liberalen Verteidigern von Enhancement ist das zu viel der Rücksichtnahme. Sie werden etwa wie folgt argumentieren:

Mit der bisherigen Argumentation könnte man auch bestimmte Partnerschaften verbieten, wenn die Gefahr droht, dass daraus extrem intelligente Kinder hervorgehen. Auch diese Intelligenz kumuliert sich über Generationen.[124] Diesen Einwand kann man auf Einzelfälle oder auf Regelfälle beziehen. Zuerst zu Einzelfällen: Erstens kann es nicht um das Verbot von Partnerschaften gehen, denn damit wäre man ja beim zentralen Enhancement angekommen. Zweitens: *Einzelne* Fälle extremer, aber für Menschen immer noch typischer Intelligenz auf natürlichem Wege, sind kein Problem bzw. ein großer Gewinn. Unser Argument soll ja nicht Intelligenz abwerten, sondern es dient dazu, schlechte soziale Folgen zu vermeiden, wenn wir uns *massenhaft* verbessern. Nicht erwünscht wäre, dass systematisch große Gruppen radikal intelligenter als die Übrigen werden und vor allen Dingen auch nicht, dass diese enorme Intelligenz eindeutig von finanziellen Verhältnissen abhängt. Das wäre eine Gefahr für den sozialen Frieden. Aber das alles wäre bei natürlicher Fortpflanzung nicht zu erwarten. Daraus eine Erlaubnis für einzelne Fälle radikalen Enhancements abzuleiten (z. B. per Losverfahren verteilt) wäre eventuell möglich. Allerdings dürften solche Fälle nur sehr selten sein, um die Gesellschaft insgesamt nicht zu beeinflussen und ob diese Maßnahme dann den Betroffenen nutzen oder sie isolieren würde, wäre zu diskutieren.

Im *Regelfall* ist die natürliche Kumulation nicht so groß, dass sie mit den Effekten radikalen Enhancements vergleichbar wäre. Als Sohn eines Unternehmers mit Volksschulabschluss kann ich immer noch gegen den Urenkel eines Literaturnobelpreisträgers und den gleichzeitigen Enkel eines Physiknobelpreisträgers beim Schach gewinnen (auch wenn ich meist verliere). Was wäre aber, wenn die Natur sich plötzlich verändert und massenhaft aber doch nicht ausschließlich Genies mit einem IQ von 150 hervorbrächte? Das würde uns Probleme bereiten, etwa auf dem Arbeitsmarkt, aber auch, weil soziale Positionen noch viel stärker vom Glück der Geburt abhängen würden. Es würde aber eher dazu führen, dass die Benachteiligten resignieren, statt aggressiv zu werden, denn gegen die Natur kann man sich nicht auflehnen. Die Probleme wären also geringer als bei technischen Verbesserungen mit demselben Ergebnis. Skeptiker würde es nicht geben, denn es wäre ja gar keine Wahl zwischen Alternativen möglich und daher würde kein Druck auf solche Menschen entstehen. Aber es würde sich eine drastische Zwei-Klassen-Gesellschaft entwickeln, welche den Zusammenhalt der Gesellschaft hart auf die Probe stellen würde. Vielleicht wäre *sozialstaatliches kompensatorisches Enhancement* (s. u.) die richtige Antwort auf eine solche Situation, denn das würde eine schon entstandene Klassengesellschaft dieser Art wieder ins Gleichgewicht bringen.

Es bleibt allerdings immer noch das Problem, wie ein „moderates" Enhancement von Fleiß oder Motivation und anderen Eigenschaften genau gegen radikale Schritte abzugrenzen wäre. Der IQ ist die einfachste, da als halbwegs messbar unterstellte Größe. Verteidiger moderaten Enhancements anderer Eigenschaften müssten also plausible und durchsetzbare Maße entwickeln, sonst würden solche Verbesserungen insbesondere bei wettbewerbsrelevanten Eigenschaften kaum akzeptabel sein. Bei körperlichen Leistungen dürfte das nicht schwierig sein, aber bei mentalen schon. Hier wären Psychologen gefordert, neue Maßstäbe zu entwickeln. Daher ist Verteidigern moderaten Enhancements ein Problem mit auf den Weg gegeben: *Wenn man keine klare Grenzen definieren kann und keine Strategie hat, wie man drastische Kumulationen vermeiden kann, ist moderates Enhancement problematisch.* Zudem fragt es sich, ob je eine Technik verfügbar wird, die genaue und begrenzte „Dosierungen" von Verbesserungen zulässt. Eine im Rahmen des humanen Utilitarismus zu formulierende *Pflicht des Staates,* moderates Enhancement (wie ja auch die konventionelle Bildung) zu unterstützen, kann noch nicht klar ausgemacht werden, auch wenn besagte Probleme überwunden wären. Die zu erwartenden Zuwächse des Glücks der Individuen sind schwer prognostizierbar, denn dass man mehr leisten kann, könnte durch anderweitig vermindertes Wohlergehen erkauft werden (vgl. das nächste Kapitel). Hier müssten also empirisch viel mehr Erfahrungen gesammelt werden, etwa im Rahmen des „Liberalismus mit Auffangnetz".

Man könnte Enhancement auch lediglich einsetzen, *um die Ungerechtigkeiten der „natürlichen Lotterie" auszugleichen.*[125] Wir sind alle mit einer genetischen Ausstattung auf die Welt gekommen, die uns der Zufall zugeteilt hat. Dieser Zufall bestimmt große Teile unseres Lebens, auf ihn lassen sich viele Unterschiede bzgl. Wohlstand und sozialer Stellung zurückführen. Der Zufall ist blind und er verteilt „Gewinnlose" daher nicht gerecht. Könnten wir das nun nicht ausgleichen, wenn wir uns technisch verbessern? Besonders verlockend ist es, *ausschließlich weniger begabte Menschen* wie Laura zu fördern. Laura ist von der Natur nicht begünstigt worden, als die natürlichen Gaben verteilt wurden. Sie hat einen IQ von 78 und kann damit nur wenig in der Gesellschaft erreichen. Sie hat davon geträumt, Lehrerin zu werden, aber alle Versuche zu diesem Ziel zu kommen, ließen Laura nur verbittern. In der Schule war sie stets „die Dumme". Nun denkt, sie, dass keiner sie wirklich ernst nimmt und sie arbeitet frustriert am Fließband einer riesigen Fabrik. Jetzt gibt es auf Staatskosten diese neuen Pillen und die will sie haben. Die Pillen können Laura nicht zu einem Genie machen, aber sie kann damit mit den anderen Menschen mithalten. Mit den Pillen wird Lauras IQ auf das Niveau des Durchschnitts gebracht.[126] Nennen wir das *„kompensatorisches Enhancement"*. Es würde die Chancengleichheit vergrößern.

Allerdings gibt es auch hier Licht und Schatten: Kompensatorisches Enhancement würde z. B. den Durchschnitt der Intelligenz in der Gesellschaft *anheben*. Dann wäre das Ergebnis einer ersten Runde von Verbesserungen, dass viele Unverbesserte nun unterdurchschnittlich geworden sind, die vorher über dem Durchschnitt lagen. Der Durchschnittswert selbst hat sich verschoben. Wäre dann eine zweite Runde von Verbesserungen für die nun Schlechtgestellten geboten? Wenn sich das immer weiter fortsetzen würde, würden offenbar langfristig alle Menschen die Spitzenwerte erreichen. Das könnte negative Folgen für die gesellschaftliche Diversität und für Skeptiker haben. Zudem wäre dann kompensatorisches Enhancement nicht nur für wenige Schlechtgestellte eine Option, sondern fast alle Menschen würden hier mögliche Staatskunden werden. Darauf könnte ein Staat aber reagieren, indem er kompensatorisches Enhancement etwa heute und in Zukunft nur für einen IQ unter 100 zulässt und solche *fixen* Werte auch für andere Eigenschaften definiert.

Wie sähe die Welt dann für den Skeptiker aus? Die Konkurrenz mit kompensatorisch verbesserten Menschen könnte allenfalls für schlecht gestellte Skeptiker wie Otto aus dem Pferdestall nicht mehr möglich sein. Wie schon beschrieben, könnte sich aber die Situation für Otto insgesamt sogar verbessern, wenn einige seiner direkten Konkurrenten sich plötzlich für eine andere Marktnische qualifizierten.

Der Arbeitsmarkt würde diese Verbesserungen ebenfalls überstehen, ja vielleicht profitieren. Es würden vielleicht einige Hilfsarbeiterjobs unattraktiv, aber erstens könnte man hier vieles rationalisieren, denn es wäre nur ein schmaler Bereich der Arbeitswelt betroffen und nicht etwa der ganze Dienstleistungssektor. Zudem wäre zweitens ein gewisser Verlust von Diversität auch sozialpolitisch erwünscht. Warum versuchen wir sonst, die Schlechtqualifizierten mit allerlei sozialstaatlichen Mitteln zu fördern? Genau dies würde uns kompensatorisches Enhancement nun leicht machen.

Aber drohen nicht *Dammbrüche*? Stehen uns nicht bald alle Sorten von Enhancement ins Haus, wenn es erst einmal kompensatorische Verbesserungen gibt? Der Wille eines Staates, sich darauf zu beschränken, kompensatorisches Enhancement zu erlauben und zu fördern, würde einer Prüfung unterzogen, wenn andere Staaten damit beginnen, Enhancement als Waffe im globalen Wettbewerb einzusetzen. Dann könnte ein Damm brechen und Verbesserungen würden ohne wenn und aber erlaubt. Aber ein Staat würde auch dann durch andere Staaten unter Druck gesetzt, wenn er bislang gar kein Enhancement zugelassen hat. Wenn der Druck stark ist, könnte der Damm auch brechen, ohne dass zuvor kompensatorisch verbessert wurde.

Fazit: Kompensatorisches Enhancement ist ein klarer Vorteil für die Chancengleichheit und kann überwiegend positive soziale Folgen haben. Staaten sind daher *verpflichtet* solche Verbesserungen anzubieten, wenn dies finanzierbar und nebenwirkungsarm machbar wäre und sich nicht im Rahmen des Liberalismus mit Auffangnetz (vgl. 3.5) zeigt, dass solche Angebote das individuelle Glück nicht deutlich erhöhen.

Zu guter Letzt wäre unsere Kategorisierung von Enhancement noch um einen weiteren Typus anzureichern, den ich *Super-Kompensatorisches-Enhancement* nenne. Vielleicht sollte der Staat nicht nur die Schlechtgestellten auf das Niveau des Durchschnitts „heraufholen", sondern endlich für *vollständige Gleichheit* sorgen. Also: Allen Menschen die gleichen Ausgangschancen mit auf den Weg geben und z. B. für „genetische Gleichwertigkeit" sorgen. Würde so nicht der kalte Zufall besiegt, der unsere Welt regiert? Wäre das nicht das Ende aller natürlichen Privilegien?

Aber das wäre – unabhängig von der Finanzierbarkeit – nur umsetzbar, wenn man alle veränderungswilligen Personen auf das Level der heutigen Spitzenwerte bringt. Würde man sich mit Weniger zufrieden geben, dann wären die Verbesserten immer noch schlechter als die Spitzenkräfte gestellt und nach wie vor von der Natur benachteiligt. Das würde auch nicht aufhören, solange unmanipulierte Kinder geboren werden. Nur wenn alle, die sich nicht zum Skeptiker berufen fühlen, auf das heutige Spitzenniveau gebracht würden, wäre „Waffengleichheit" erreicht, ohne zentrales Enhancement vorauszusetzen.

Das schafft Probleme. Erneut hätten wir es mit einem Heer von Spitzenqualifizierten zu tun, die nicht untergebracht werden könnten. Zudem wäre auch die allgemeine Vielfalt in der Gesellschaft jenseits des Arbeitsmarktes in Gefahr. Und auch die Situation für Skeptiker wäre bedenklich. Wenn jemand für sich keine Verbesserungen wünscht, dann wären ihm auch „super-kompensatorisch" verbesserte Menschen meilenweit überlegen. Ein durchschnittlich veranlagter Skeptiker könnte den Abstand zu den dann normalen Spitzenwerten nicht aufholen.

Zudem kann man natürlich auch anders argumentieren und das *Ideal völliger Gleichheit* als solches in Frage stellen. Ist es nicht gerade für viele Menschen das „Salz in der Suppe", besser als andere werden zu können und so etwas Besonderes zu sein? Das wäre nicht möglich, wenn alle gleichwertige Fähigkeiten inklusive gleichen Fleiß haben. Wäre Lethargie die Folge? Lähmt das die gesellschaftlichen Innovationskräfte, d.h. wäre das der Weg zu einem trägen Mittelmaß? Diese Diskussion sei nur angeregt, kann aber hier nicht geführt werden.

2.9 Der perfekte Körper

Nun muss man die allgemeinen Argumente der letzten Abschnitte auf konkrete Eigenschaften beziehen, die verändert werden sollen. Folgende, sicher nicht vollständige Kategorisierung, bietet sich an:

1. Geht es um Gesundheitsvorsorge, etwa um ein besseres Immunsystem, um geringere Neigung zu Depressivität oder darum, Fettleibigkeit zu vermeiden? (Gesundheitsverbesserung)

2. Geht es um andere körperliche Eigenschaften, etwa Körperkraft und Ausdauer? (Körperverbesserung)

3. Geht es um geistige Allzweckmittel, die sich fast immer als Vorteil erweisen und daher in der Regel positiv bewertet werden, etwa Intelligenz und Fleiß? (Allgemeine Mentalverbesserung)

4. Geht es darum, spezifische mentale Eigenschaften, z.B. Charakterzüge, zu verbessern, die nicht ohne weiteres einheitlich bewertet werden können, wie Aggressivität, Sanftmut oder ein größeres Bedürfnis nach autoritärer Führung? (Spezifische Mentalverbesserung)

Für jede der sich auch manchmal überlappenden Kategorien kann man soziale Probleme formulieren. Die müssen gegen mögliche Vorteile abgewogen werden:

Gesundheitsverbesserungen: Hier könnte es häufig Fälle geben, deren bedrohliches Folgenpotential nicht überbordend ist und bei denen zudem der Nutzen für den Betroffenen und die Gesellschaft sehr hoch sein könnte. Folgen für die soziale Gerechtigkeit existieren, denn ein Arbeiter, der dank eines verbesserten Immunsystems nie krank ist, wird gefragter sein als ein normaler Arbeiter.[127] (Dieses Beispiel ist schon deshalb so prekär, weil ein Enhancement hier nur den Effekt gesteigerter Impfungen hätte, die jeder befürwortet.) Aber die sozialen Folgen von Gesundheitsenhancement für den Wettbewerb scheinen überschaubar zu sein, weil gesellschaftliche Schlüsselpositionen in der Regel an Eigenschaften anderer Kategorien wie Fleiß, Intelligenz usw. geknüpft sind.[128] Zwar könnte sich das Fehlen von Anfälligkeit für die meisten Krankheiten schon als deutlicher Wettbewerbsvorteil entpuppen, aber andererseits können solche Vorteile durch andere Vorzüge ausgeglichen werden[129] und es sollen ja nicht alle Ungleichheiten, sondern primär extreme Ungerechtigkeiten ausgeschlossen werden, die zu einer zementierten Zwei-Klassen-Gesellschaft führen.

Wenn man seltener krank wird, kann das nur eine *Nebenrolle* für den gesellschaftlichen Erfolg, aber eine Hauptrolle für intrinsische Freuden spielen. Die *privaten Vorteile* von Gesundheitsenhancement sind groß und es kann der Gesellschaft helfen, viel Geld zu sparen: Deshalb hat der Staat gute Gründe, bzw. eine *Pflicht,* jenseits der Sorge um den sozialen Frieden, solches Enhancement zu fördern. Das heißt: Eine *sozialstaatliche Regelung* wäre jedenfalls für drastisches Gesundheitsenhancement, bei dem es etwa um gravierende Krankheiten geht, geboten, wofür Folgen für den Wettbewerb diesmal nicht ausschlaggebend sind.[130]

Um schlechte Folgen für den Arbeitsmarkt zu verringern, wäre eine *Informationssperre* denkbar. Die soll verhindern, dass Arbeitgeber wissen, ob ihre Arbeiter verbessert wurden. Wer meint, dass das nicht funktionieren wird, sei daran erinnert, dass wir dasselbe Instrument auch brauchen, um zu verhindern, dass genetische Krankheiten von Arbeitern und Versicherten bekannt werden. Bislang ist das noch recht erfolgreich. Was geschehen könnte, wenn Menschen durch Anti-Aging extrem alt werden, werde ich im fünften Kapitel behandeln. Für den humanen Utilitaristen ist es aus den dargelegten Gründen eine Pflicht, dass Staaten und Eltern die Gesundheit von Bürgern bzw. von Kindern verbessern. Zumindest dann, wenn das ohne gravierende Nebenwirkungen und einigermaßen finanzierbar zu haben ist.

Es mag sicher Fälle geben, in denen nicht klar ist, ob Verbesserungen überhaupt die Gesundheit betreffen bzw. nicht präventive Medizin sind, weil unser *Begriff von Gesundheit* sich im Laufe der Zeit verschiebt.[131] Wenn hier Probleme auftreten, muss man im Einzelfall prüfen, welche Folgen ein bestimmtes Projekt haben könnte, insbesondere für den Wettbewerb. Ethisch entscheidend sind ja diese Folgen und nicht die Tatsache, ob man einen Eingriff Gesundheitsverbesserung nennt oder nicht. Hier liegt ein Vorteil meines Ansatzes gegenüber der weitverbreiteten Position, dass nur die Veränderungen zulässig sind, die Krankheiten heilen. In diesem Falle hängt, ob Eingriffe erlaubt sind, davon ab, was man unter Krankheit versteht.[132] Aber unter Krankheit wird leider vieles verstanden. Und dieses Kriterium ist auch ethisch unbefriedigend, wie folgendes Beispiel zeigt: Johnny ist ein elfjähriger Junge mit einem Wachstumshormondefizit. Ihm wird als Erwachsener eine Größe von 1,60 Meter vorhergesagt. Billy ist ein elfjähriger Junge mit extrem kleinen Eltern. Ihm fehlen keine Hormone, aber ausgewachsen wird auch er es zu nicht mehr als 1,60 Meter bringen. Johny ist krank, Billy nicht, aber beide werden genauso darunter leiden als Kinder gehänselt zu werden und als Erwachsene schlechtere Chancen zu haben. Sollen wir also nur Johnny helfen, weil eine Hormongabe an ihn eine Behandlung, an Billy aber Verbesserung wäre?[133] Das wäre zynisch und absurd.

Was ethisch erlaubt ist, kann nicht allein davon abhängen, ob es um Krankheiten geht, bzw. ob man etwas medizinische Vorsorge oder Verbesserung nennt.[134] Hingegen kann man pragmatisch behaupten, dass Maßnahmen, die unbestritten an der Gesundheit ansetzen, in der Regel nur harmlose negative soziale Folgen und hohen privaten Wert haben, wenn sie drastisch sind. Man kann sich also in etwa darauf verlassen, dass drastische Gesundheitsverbesserungen harmlos und besonders nützlich sind. Daher ist es pragmatisch sinnvoll, die Kategorie aufzustellen, statt gleich nur über Verbesserungen des Körpers zu reden.

Körperverbesserungen: Wenn man Körper verbessert, muss das die Welt nicht gravierend ungerechter machen. Schlüsselpositionen werden kaum noch nach Muskelmasse oder Kondition verteilt. Jedoch gilt das nur in unserem Kulturkreis und auch dort kann man sich durch Körpergröße, Geschlecht und gutes Aussehen noch

Vorteile verschaffen. Allerdings können solche Vorteile beispielsweise durch Humor und Cleverness ausgeglichen werden und es
soll hier ja kein starkes Gleichheitsideal verteidigt werden. Also
können selbst radikale Veränderungen des Körpers in weit indus-
trialisierten Kulturen *erlaubt* sein, je nachdem, wie man die even-
tuellen Wettbewerbsvorteile einschätzt. Genaueres über verschiedene Typen der Körperverbesserung werden wir im nächsten Kapitel noch ergänzen. Für eine staatliche Förderung solchen
Enhancements sprechen weniger gute Gründe als beim Gesundheitsenhancement, denn ein kollektiver Nutzen ist nicht direkt
vorhersehbar und auch individuell müsste sich ein deutlicher Nutzen erst einmal regelmäßig unter Beweis stellen (vgl. Kap. 3).

Aber sind bessere Körper in unserer Kultur wirklich ungefähr-
lich? Basieren nicht viele Institutionen und Rechte auf Vorstellungen davon, wie der menschliche Körper ausgestattet ist?[135]
Nehmen wir Herrn Schulze, dessen Zähne ruiniert sind. Dass er
Zahnersatz finanziert bekommt, liegt an der Annahme seiner Krankenkasse, dass Menschen ihre Nahrung kauen müssen. Hätte Herr
Schulze das aber gar nicht mehr nötig, sähe der Fall anders aus. Das
Gesundheitssystem geht von *normalen Körpern und Bedürfnissen*
aus. Aber dass man solche Erwartungen und Rechte nicht an veränderte Vorstellungen anpassen kann, ist nicht bewiesen, wenngleich das Mühe bereiten dürfte. Schon heute verändert sich vieles,
wenn man etwa den Sozialstaat daran anpasst, dass wir alle immer
älter werden und dass viele Behinderte untypische Bedürfnisse
haben.

Aber was ist, wenn man *Chimären* schafft, bei denen gar nicht
mehr auf den ersten Blick entscheidbar ist, ob sie Menschen sind
oder nicht? Was, wenn wir mit Zentauren umgehen müssten oder
mit Nixen? Das würde zu einer Art „moral confusion"[136] führen.
Der zwischenmenschliche Umgang würde unsicherer. Wenn nicht
auf den ersten Blick klar ist, wer die vollen Rechte genießt, weil er
etwa ein Mensch ist, kann man sich missverstehen. Das ist ein Argument gegen *extrem radikales Körperenhancement*, das dazu
führt, dass Menschen rein optisch nicht mehr als solche zu erkennen sind. Solches Enhancement verletzt auch viele ästhetische Vorstellungen, was ich im übernächsten Kapitel noch ergänzen werde
(vgl. 4.9). Auch der Ekel vor manchen Veränderungen kann zum
Grund gegen solche Projekte werden. Veränderungen, die den
menschlichen Körper unkenntlich machen, sind aus den gerade genannten Gründen abzulehnen.

2.10 Mental auf der Höhe der Technik

Allgemeine Mentalverbesserungen: An Intelligenz, Fleiß und andere mentale Allzweckmittel[137] sind die meisten Wettbewerbsvorteile gekoppelt. Hier liegt der größte soziale Sprengstoff.[138] Hier können wir nun all die oben erarbeiteten allgemeinen Überlegungen anwenden. Skeptiker würden unter Druck gesetzt, die gesellschaftliche Diversität würde verringert. Die Gesellschaft würde auf den genormten „Menschen von der Stange" zusteuern usw. Radikales allgemeines Mentalenhancement ist unmoralisch.

Moderate allgemeine Mentalverbesserungen sind mindestens dann sozial unbedenklich, wenn drastisch kumulative Techniken ausgeschlossen werden und überzeugend definiert werden kann, wo die Grenzen moderater Maßnahmen liegen. Das könnte sich für den IQ einfach, für andere Eigenschaften aber schwieriger durchführen lassen. Kompensatorische allgemeine Mentalverbesserung ist dem Einzelnen erlaubt.

Spezifische Mentalverbesserungen: Zu Beginn ein kurzer Blick auf eine prinzipielle Gefahr: Einfluss auf den Charakter zu nehmen, daran sind nicht nur Staaten, sondern auch Religionen und andere Interessengruppen interessiert. Solche Eigenschaften können *Ideologien* nützlich sein. So könnte eine iranische Frau unter sozialen Druck geraten, Eigenschaften wie Gehorsam und Unterwürfigkeit zu wählen.[139] Wenn ihr Mann, ihre Familie, ihre Freundinnen und das gesamte Umfeld das von ihr verlangen, wird es sehr schwer für sie, sich zu widersetzen. Wird dieser Druck zu stark, dann könnte von liberaler Verbesserung keine Rede mehr sein. Dieses Argument spricht für besondere Vorsicht bei jedweder spezifischen Mentalverbesserung[140], wobei aber mögliche Missbräuche eine Technik nur dann unverantwortbar machen, wenn man sie nicht kontrollieren kann. Und auch im sonstigen sozialen Leben wird – etwa bei der Erziehung – nicht jeder Einfluss der Gesellschaft auf Entscheidungen, z. B. von Eltern, unterbunden. Nicht jeder Einfluss ist ein unverantwortbarer Zwang[141], aber solche Zwänge sollten nicht entstehen.

Soll man unter diesem Vorbehalt *moderate* Veränderungen von spezifischen mentalen Eigenschaften hinsichtlich sozialer Folgen erlauben? Das ist der Fall, wenn man die benannten allgemeinen Probleme moderater Schritte beherrscht. Durch Erziehung will man Ähnliches wie durch moderate Technik erreichen. Eltern zu verbieten, ihre Kinder zu dieser oder jener „Tugend" zu erziehen, um ihr Glück zu steigern, kommt niemand in den Sinn. Wieso also dieses Recht beschneiden, wenn es technisch realisiert wird? Es überzeugt auch nicht, jedwede Förderung von Charakterzügen, die auf den ersten Blick gefährlich sind, per se zu verbieten. Gemeint sind Dinge wie Aggression und Gehorsam. Nehmen wir den Fall von Julia. Sie ist ein schüchternes Mädchen, das sich ständig herumkommandieren lässt. Sie unterwirft sich jedermann und frisst Kummer einfach nur in sich hinein. Wäre es kein Gewinn für Julia, etwas aggressiver zu werden, sich häufiger aufzulehnen und Wut herauszulassen, statt sie hinunterzuschlucken? Der Einzelne kann eventuell eine kleine Portion mehr Aggression oder Disziplin vertragen, wenn er zuvor extrem sanftmütig oder anarchistisch war. Das variiert individuell.[142] Der Staat könnte hier wie bei moderaten allgemeinen Mentalverbesserungen sozialstaatliche Modelle außer Acht lassen, da gravierende Wettbewerbsvorteile nicht im Spiel sind.

Aber es könnte große soziale Probleme geben, wenn man *radikale* Verbesserungen erlaubt:

1. Radikaler Fanatismus, radikale Aggression usw. würden die Gesellschaft schädigen. Daher ist es falsch, es zu tolerieren, wenn solche Eingriffe geplant sind.

2. Die großen ideologischen Gräben in der Welt könnten durch radikales spezifisches Mentalenhancement vertieft werden: Würde Rudi ganz starke genetische Neigungen zum Egoismus haben, während Carla zur Altruistin reinsten Wassers verbessert worden wäre, könnten sich die beiden vielleicht kaum mehr verstehen. Konflikte wären kaum zu lösen, da beide unterschiedliche Gefühle, Interessen und Werte haben. Man könnte nicht mehr an eine allen Menschen gemeinsame menschliche Natur *und damit verbundene elementare Interessen* appellieren, um Konflikte zu lösen, weil nun die Veränderten und die anderen partiell ihre eigene Natur haben würden.[143]

3. Könnte unsere Welt aber nicht besser werden, wenn nur noch Menschen wie Carla sie bevölkern, die sanftmütig, verantwortungsbewusst, altruistisch und voller Selbstvertrauen sind? Würden wir dann nicht einen entscheidenden Schritt zu einem Paradies voller friedlicher und gerechter Menschen machen? Egoismus und Habgier sind wesentliche Ursachen globaler Probleme. Aber wir reden hier nur über dezentrale Verbesserungen. In manchen Kulturen würden also vielleicht Altruisten gefördert und in anderen nicht. Jedenfalls würden Altruisten und andere Menschen parallel existieren. So sind Nachteile für die geborenen Altruisten zu er-

warten, wenn sie einer Wettbewerbswirtschaft ausgeliefert werden. Man müsste also erst einmal Bedingungen schaffen, die dem Altruismus eine Chance geben. Das heißt, man müsste erst die Welt ändern und dann gezielte Verbesserungen betreiben, statt die Welt durch solche Verbesserungen revolutionieren zu wollen. Alles andere wäre unfair gegenüber den Altruisten, die man in eine Welt bringt, in der sie oft scheitern werden. *Zur Weltbeglückung eignet sich wohl nur zentrales Enhancement* und das sollten wir zu diesem Zweck sicher nicht benutzen. Selbstvertrauen und Verantwortungsbewusstsein hingegen wären wohl für den Einzelnen wie die Gesellschaft ein Gewinn. Allerdings könnte man auch befürchten, dass der extrem Selbstsichere die Ängste und Sorgen des Unsicheren nicht mehr versteht. Würde also nicht auch hier die Kommunikation schwieriger? Das spricht gegen eine *radikale* Steigerung dieser Eigenschaften. Aber letztlich muss man im konkreten Fall analysieren, welche Probleme auf uns zukommen könnten.

4. Wenn man Stimmungen, Situationsbewertungen, emotionale Färbungen von Erinnerungen etc. radikal verändert, führt das zu einem völlig neuen Verhalten und zum Wandel der Persönlichkeit eines Menschen. Durch einen solchen Wandel entstehen mindestens zwei *soziale* Probleme. Zum einen könnte uns Robert bevorstehen, der sich mit Glückspillen aus dem aktiven Leben verabschiedet. Er handelt nicht mehr, sondern sitzt auf dem Sofa und jagt nur noch chemisch induzieren Glückserlebnissen nach.[144] Wenn Robert die Gesellschaft der Zukunft repräsentiert, wäre das eine soziale Katastrophe. Allerdings haben viele Stimmungsaufheller im Gegensatz zu Drogen die Eigenschaft, Tatkraft gerade wieder zu ermöglichen. Denken wir nur an Sam. Insgesamt betrachtet, wäre daher wohl eher ein *Aktionsschub* für die Gesellschaft zu erwarten, wenn sich z. B. Stimmungsaufheller weiter verbreiten. Zudem käme es darauf an, wie weit die Gesellschaft Menschen, die nicht mehr aktiv an ihr teilnehmen wollen, ihre Lethargie ermöglicht. Den Rückzug aus dem aktiven Leben muss man sich leisten können. Daher wäre nicht zu erwarten, dass die Zahl der „Aussteiger" drastisch zunimmt.

Aber wir müssen Tess und Sally, zwei Patientinnen von Peter Kramer, mehr als Robert fürchten. Angenommen, eine Person ändert ihr Verhalten vollständig, dann hat sie deshalb oft unerwarteten Erfolg, etwa auch beim Finden von Partnern und Freunden. Tess hat nach der Einnahme von Prozac neue Männerbekanntschaften gehabt und Teile ihres Freundeskreises gewechselt. Andere Patienten Kramers, darunter Sally, haben während sie Prozac nahmen, Männer kennengelernt und geheiratet.[145] Was aber, wenn es zu einer Heirat kommt und die veränderte Person später damit aufhört, Medikamente zu nehmen? Dann kann sich ihre Persönlichkeit zurückverwandeln und der Partner könnte darunter extrem leiden: Man kennt seinen Ehegatten gar nicht mehr wieder, er ist ohne Medikament ein völlig anderer Mensch.[146] Hier liegt ein echtes Problem: Radikales spezifisches Mentalenhancement[147] kann sich im gesamten Nahbereich der Verbesserten fatal auswirken und zahlreiche *Mitmenschen enttäuschen und verletzen.* So wäre auch Phil, der Bruder von Tess, zu bedauern, der seine geliebte Schwester nicht mehr wiedererkennt, seit sie diese Pillen nimmt. Und der Verlust der sozialen Kontakte wäre natürlich auch eine für Sally und Tess selbst relevante soziale Folge. Es wäre aber im Einzelfall abzuwägen, wie groß hier die Risiken sind.

Aus den gerade diskutierten Gründen bin ich skeptisch, was radikale Veränderungen spezifischer mentaler Eigenschaften angeht, aber um Betrachtungen des Einzelfalls wird man nicht herum kommen. Insbesondere dann nicht, wenn es um mehr Selbstvertrauen oder Verantwortungsgefühl geht.

3. Enhancement zwischen Selbstbetrug und Selbstverwirklichung

> Um zu wissen, ob etwas wirklich im Interesse von X liegt, untersuchen wir nicht, ob X ein Interesse daran hat. Wir fragen, ob das fragliche Ding tatsächlich das Wohlergehen von X verbessern wird. Das ist eine objektive Angelegenheit, weil sie nicht von den Überzeugungen und Wünschen von X bestimmt wird.
> – Paul Taylor (1986, 65f.)

3.1 Der eigene Wille – ein Chamäleon?

Graham ist schockiert. Das letzte, woran er sich erinnert, ist dieser Tunnel. Und das Auto, das plötzlich die Fahrbahn wechselte. Nun ist er wieder aufgewacht, um ihn herum die Apparate der Intensivstation. „Querschnittsgelähmt" hat der Arzt bei der Visite gesagt. Vom Hals an bewegt sich nichts mehr. Und es wird so bleiben. Graham sieht all die Träume vor sich, die er noch im Leben verwirklichen wollte. Nichts davon wird wahr werden. Er wird nie wieder Fußball spielen, selbst nie wieder joggen. Stattdessen muss er gefüttert werden, Tag für Tag, er ist ein vollständiger Pflegefall. Er schließt nachts kein Auge, er grübelt und grübelt. Dann, zwei Tage später, ist er sich sicher: Er will sterben. So untersagt er den Ärzten jede Therapie und jede lebensverlängernder Maßnahme, wenn eine neue Krise entstehen sollte. Und tatsächlich. Drei Tage später ist es so weit. Grahams labiler Kreislauf bricht zusammen, Herzstillstand. Die Ärzte reanimieren ihn. Zehn Monate später. Grahams Zustand ist stabil. Er sitzt im Rollstuhl, diktiert seiner Sekretärin ins Diktiergerät und hat dieses Geschäft mit Hong Kong in der Tasche. Trotz allem! Graham hat sich auf seine Situation eingestellt. Wie dankbar er den Ärzten doch ist, dass sie ihn damals wiederbelebt haben. Er hat sein Weltbild neu entworfen und sich an seine Situation gewöhnt. Es ist ja so schwer zu wissen, was man will! Dr. Turner, sein Arzt hat damals gesagt: Wir haben ihren Wunsch zu Sterben gekannt, aber wir wissen von so vielen Fällen, wo Querschnittsgelähmte ihre Situation akzeptieren lernen, diese Chance wollten wir ihnen nicht verbauen.

3.2 Befreiung oder Selbstzerstörung? – Konservative und liberale Positionen

Welche Folgen könnte Enhancement für denjenigen haben, der sich verbessern lässt? Würde er sich nur selbst betrügen und wäre er daher letztlich unglücklich? Es gibt viele einzelne Gefahren, die man sich für den Verbesserten ausmalen kann. Diese Punkte sollen nicht alle geschildert werden. Es soll ein *Liberalismus mit Auffangnetz* vorgestellt werden, der regelt, wie man mit diesen Gefahren umgehen soll und wie weit sich jemand selbst Schaden zufügen darf. Dieses Modell soll zuerst nur für Eingriffe entwickelt werden, bei denen es um das Verbessern mündiger Menschen geht. Danach wird dann auch über Verantwortung für Kinder gesprochen werden, die ganz in den Händen der Eltern und ihrer stellvertretenden Entscheidungen liegt.

Was könnte dem Verbesserten zustoßen? Eine Illustration wie es sich anfühlen könnte, eine Chimäre zu sein, gibt Franz Kafka es in der Erzählung „Die Verwandlung", freilich ohne an ein völlig misslungenes Enhancement zu denken. Nicht einmal das Aufstehen will Gregor Samsa gelingen:

> Als Gregor Samsa eines Morgens aus unruhigen Träumen erwachte, fand er sich in seinem Bett zu einem ungeheuren Ungeziefer verwandelt. Er lag auf seinem panzerartig harten Rücken und sah, wenn er den Kopf ein wenig hob, seinen gewölbten, braunen, von bogenförmigen Versteifungen geteilten Bauch, auf dessen Höhe sich die Bettdecke, zum gänzlichen Niedergleiten bereit, kaum noch halten konnte. Seine vielen, im Vergleich zu seinem sonstigen Umfang kläglich dünnen Beine flimmerten ihm hilflos vor den Augen. (…) Die Decke abzuwerfen war ganz einfach; er brauchte sich nur ein wenig aufzublasen und sie fiel von selbst. Aber weiterhin wurde es schwierig, besonders weil er so ungemein breit war. Er hätte Arme und Hände gebraucht, um sich aufzurichten; statt dessen aber hatte er nur die vielen Beinchen, die ununterbrochen in der verschiedensten Bewegung waren und die er überdies nicht beherrschen konnte. Wollte er eines einmal einknicken, so war es das erste, daß es sich streckte; und gelang es ihm endlich, mit diesem Bein das auszuführen, was er wollte, so arbeiteten inzwischen alle anderen, wie freigelassen, in höchster, schmerzlicher Aufregung. ‚Nur sich nicht im Bett unnütz aufhalten', sagte sich Gregor.[148]

Realistischer müssen wir uns anderen Fragen stellen: Verändern „Glückspillen" die Identität der Persönlichkeit dessen, der sie einnimmt? Oder nehmen wir den, der mit Implantaten große sportliche Leistungen zu Stande bringt. Wird er es nicht vermissen, sich seine Leistung selbst zu erarbeiten? Kann er noch stolz auf sich sein? Wählt er nicht den kurzen und einfachen Weg zum Erfolg, wobei er vergisst, dass es nicht nur auf das Ergebnis ankommt, sondern auch auf die Mittel, mit denen man es erreicht hat? Es wird befürchtet, dass Enhancement diejenigen, die es gewählt haben, massiv schädigt. Insbesondere werden *Schäden an der Persönlichkeit*, ein *Verlust der Selbstbestimmung* und des *Lebensglücks* erwartet.

All diese Gefahren gibt es. Aber was folgt aus ihnen? *Liberale Philosophen* meinen: Der freie Mensch muss selbst entscheiden, ob er solche Risiken eingehen will. Er wird nicht gezwungen, sich verbessern zu lassen, sondern er kann wählen. Insbesondere dann, wenn der Staat dafür sorgt, dass soziale Zwänge zur Verbesserung nicht entstehen. Jeder muss selbst beurteilen, wie viel ihm seine momentane Persönlichkeit wert ist und inwieweit sich der Stolz auf seine Leistungen verringert, wenn sie auch von Technik abhängen. Einzige Einschränkung: Falls Krankheiten durch misslungene Eingriffe entstehen, dürfen die Kosten nicht der Solidargemeinschaft der Versicherten aufgebürdet werden.[149] Aber das könnte man regeln, wenn zuvor eine zusätzliche Risikoversicherung abgeschlossen wird.

Konservative Philosophen sehen das ganz anders. Manche meinen, dass es eine objektiv richtige Art gibt, wie Menschen leben sollen. Es sei etwa für *jeden* Menschen wertvoll, sein Leben in Kontakt mit der Realität zu leben, statt sich Glücksgefühle zu verschaffen, indem er Pillen einnimmt. Sonst gehe ein „Sinn für die Echtheit" verloren, die objektiv wertvoll sei, auch wenn der, der sich verbessern lassen will, auf diese Echtheit keinen Wert lege. Er irre sich dann eben. Viele Konservative bestimmen, was zum Glück des Menschen gehört, *unabhängig* davon, was die Menschen wünschen.[150] Manche Wünsche halten sie für nicht „artgemäß" für den Menschen. Oder sie meinen, dass der Wille Gottes eben anderes für den Menschen vorsehe als selbst Gott zu spielen.[151] Sie haben ein Ideal im Kopf, was ein gutes menschliches Leben ist und nach diesem Ideal formen sie die Welt. Es geht darum, dass die Welt so oder so beschaffen ist und nicht darum, glückliche Menschen zu schaffen. Den Vertreter dieser Position nenne ich den *konservativen Idealisten*.

Ein *konservativer Realist* meint im Gegensatz dazu, die Betroffenen würden am Ende glücklicher werden, wenn man ihre spontanen Wünsche, sich zu verbessern, übergeht. *Langfristig* würden sie einsehen, dass sie sich selbst geschadet hätten, wären sie verbessert worden. Hier geht es also nicht um die Welt, sondern um das langfristige Wohl der Menschen. Diese Position ist konservativ, weil ihre Anhänger glauben, dass ein Konservieren der menschlichen Natur die beste Grundlage für wahre, langfristige Autonomie sei und weil oft nicht klar ist, wie weit nicht doch idealistische Vorstellungen von einem guten menschlichen Leben den Hintergrund für ihre Position bilden (s. o.).

Kritische Liberale werden entgegnen, das langfristige Wohl der Menschen liege auch ihnen am Herzen. Deshalb wollen auch sie die *spontanen* Wünsche der Menschen nicht einfach erfüllen. Solche Wünsche könnten auf einer Laune oder auf falschen Informationen beruhen und es könnte die Menschen langfristig unglücklich machen, wenn sie erfüllt würden. Das will schließlich niemand. Ein Beispiel gibt der Züricher Schönheitschirurg Steiger:

> Ein falsch angelegter Eingriff kann eine Persönlichkeit nachteilig verändern oder zu Gesundheitsschäden führen. Das vergessen manche Patienten, wenn sie mit einer Magazinvorlage zum Schönheitschirurgen kommen.[152]

Deshalb werden kritische Liberale nur „aufgeklärte" Wünsche beachten. Wünsche haben ein Ziel, das bewertet wird, bevor sie verwirklicht werden. Wenn diese Bewertung und die mit dem Ziel wirklich erreichte Befriedigung übereinstimmen, gelten Wünsche als aufgeklärt.[153] Rational bzw. informiert oder aufgeklärt sind Wünsche, die ein Betroffener auch dann hat, wenn man ihm die Folgen seines Wunsches erklärt hat. Der Philosoph Richard Brandt nennt das „kognitive Psychotherapie". Diese Therapie klärt nicht nur über Fakten auf. Sie findet mehrmals statt, veranschaulicht die Fakten lebhaft und thematisiert auch, woher die Wünsche nach Verbesserung stammen und wie sie sich entwickelt haben.[154] Eine „kognitive Psychotherapie" wirkt auf Wünsche, indem sie Überzeugungen verändert – wenn ich nicht mehr glaube, dass man als Polizist reich wird, will ich kein Polizist mehr werden. Die Therapie zerstört manche Wünsche, indem der Wünschende etwa auch darüber informiert wird, wie seine Wünsche entstanden sind.[155] So zerstört sie häufig:

a) Wünsche, mit denen wir *Mittel* anstreben, die gar nicht zum Ziel führen. Wenn Karl seine Muskeln verbessert, um auf seine zukünftigen Rekorde im Gewichtheben stolz sein zu können, er aber nach einem Eingriff gar nicht mehr stolz auf seine Leistungen ist, dann hat er ein falsches Mittel gewählt.

b) *Künstliche* Wünsche, die entstehen, weil man Personen oder Moden nachahmt. Hier würden auch Wünsche nach einer geraden Nase geprüft. Wird eine betroffene Person von Vorurteilen angetrieben und betrügt sie sich mit der Losung „Ich tue es für mich"?[156] Ist der Wunsch nach der neuen Nase zum Beispiel nur die persönliche Antwort auf die glitzernde Welt der Hochglanzmagazine?

c) Wünsche, die entstehen, weil man etwas „*übergeneralisiert*": „Einmal hat mich ein Hund gebissen, jetzt hasse ich alle Hunde." Oder: „Einmal war ich nachts orientierungslos als etwas Schlimmes geschah, deshalb will ich nun unbedingt selbst bei Dunkelheit sehen können."

d) Wünsche, die nach einem *frühen Entzug* von x nun ein besonders starkes Verlangen danach hervorrufen.[157] Weil Marie in der Kindheit wenig Liebe erfahren hat, möchte sie nun von jedermann geliebt werden, weshalb sie sich ein schönes Gesicht operieren lassen will.

Bei Brandts Therapie wird niemandem vorgeschrieben, was er wünschen soll. Man wird nur mit den angesprochenen Dimensionen der eigenen Wünsche konfrontiert. Lässt sich jemand davon beeinflussen, dann gibt er selbst seine Wünsche auf. Behält er die Wünsche trotzdem bei, gelten sie als aufgeklärt. Wenn jemand eine Therapie durchlaufen hat und bei seinem Wunsch nach Verbesserung bleibt, gilt er dem „aufgeklärten Liberalen" als ein Mensch, der weiß, was er will. Man könnte eine Verbesserung versuchen.

Der realistische Konservative hält solche Tests meist für nichtssagend. Er unterstellt, dass sich der Betroffene irrt, wenn er „Verbesserungen" wünscht. So weiß man oft nicht mehr, ob es dem Konservativen wirklich um das Wohl der Menschen geht oder ob er ein *heimliches Ideal* der Welt im Hinterkopf hat, das er im Ernstfall den Wünschen der Menschen überordnet. Dieser Verdacht kommt insbesondere daher, dass der realistische Konservative sich vom idealistischen Konservativen nicht durch eine unterschiedliche Verfahrensweise abgrenzt. Das erreicht der kritische Liberale im Unterschied zum unkritischen, wenn er Aufklärungstests einführt. Und wenn es dem Konservativen tatsächlich um das Wohl der Betroffenen geht, nach welchen Maßstäben darf er deren spontane Wünsche überstimmen? Wenn man ihm zugesteht, er könne besser als der Betroffene urteilen, wo dessen Glück zu finden sei: *Wo und wann endet das?* Oder benutzt der Konservative ein empirisches Verfahren, mit dem er zeigen kann, dass die Mehrheit der Menschen es später bereut, einen aufgeklärten Wunsch nach Verbesserung erfüllt bekommen zu haben? Aber da solche Wünsche bislang kaum erfüllt wurden, kann es dieses empirische Verfahren noch nicht geben. Wenn der Konservative sich jedoch auf ein solches Verfahren für die Zukunft festlegen lässt, wird es einfacher, seine Vorschläge zu bewerten.

Den kritischen Liberalen kann man fragen, ob er sich mit seinem Ideal von Aufklärung nicht einer *Illusion* hingibt. Wird der Traum perfekt zu werden nicht zu verlockend sein und die Menschen nicht so stark verführen, dass sie Bedenken leichtfertig ausschlagen? Kann man überhaupt vorhersehen, wie man sich nach technischen Veränderungen fühlen wird und ob man sie langfristig begrüßt? Setzt der Liberale nicht einen rationalen Entscheider voraus, der am Reißbrett der Theorie entstanden ist, den es in Fleisch und Blut aber auf der Welt kaum gibt? Kann man diese Gefahr durch irgendeinen Test restlos ausräumen?

Der idealistische Konservative wird hier nicht weiter berücksichtigt, denn nach der hier zugrunde gelegten subjektivistischen Ethik, zählt in der Ethik, dass es Lebewesen gut geht, die Empfindungen haben. Was nicht zählt, sind vermeintlich an sich gute Weltzustände, die nichts mit Interessen zu tun haben. Das wird im Kapitel 4.4 genauer begründet werden. Bis dahin wird davon ausgegangen. Dann bleibt der Konflikt zwischen dem realistischen Konservativen und dem kritischen Liberalen, denn ein unkritischer Liberalismus muss ebenfalls als nicht begründbar zurückgewiesen werden. Auch für den kritischen Liberalen gibt es viele Schwierigkeiten. Er muss einen guten Test vorlegen, der aufgeklärte Wünsche von dem unterscheidet, wozu nur der Zeitgeist verlockt. Und er muss die Grenzen eines solchen Tests erkennen und verbleibende Gefahren mildern. Die Skepsis bleibt im Raum, dass sich viele Menschen von ihren Träumen hinreißen lassen werden, ohne den Preis wirklich zu akzeptieren, den sie dafür zahlen müssen. Das wird besser verständlich, wenn wir uns einige der Gefahren anschauen, die dem drohen, der sich verbessern lassen will.

3.3 Das Ich auf Abwegen?

Was hilft es, wenn ich mich nach einem Eingriff gar nicht mehr als ich selbst fühle oder keine Erinnerung mehr an die Vergangenheit habe? Mein Motiv für den Eingriff war *mich* zu verbessern. Wird das nun noch erfüllt? Aber worin besteht mein „Ich" hier eigentlich und wann genau ist es durch Veränderungen gefährdet?

Der Bioethikrat der US-Regierung beschreibt, was etwa droht, wenn man das Gedächtnis im großen Stil manipuliert:

> Die Wichtigkeit der Identität für das Glück impliziert notwendig die Wichtigkeit des Gedächtnisses. Wenn die Erfahrung von Glück mit der Erfahrung einer stabilen Identität zusammenhängt, dann hängt unser Glück auch von unserem Gedächtnis ab, vom Wissen, wer wir sind in Beziehung dazu, wer wir waren. Wir zögern, eine Person glücklich zu nennen, die an Alzheimer leidet, auch wenn sie guter Laune ist, denn in einem wichtigen Sinn ist sie nicht länger als sie selbst anwesend. Ihre aktuellen Handlungen sind durch den Verlust des Gedächtnisses abgetrennt von den Taten und Erfahrungen, die sie dazu machten, wer und was sie war und ist.[158]

Das ganze Gedächtnis einer Person zu ändern, ist jedoch bestimmt kein Ziel beim Enhancement, denn das wäre quasi *Selbsttötung*. Was durch Enhancement stattdessen häufiger bedroht ist, ist *die Persönlichkeit*.[159] Das ist das Selbstbild und Selbstverhältnis, das wir selbst entwickeln und uns zuschreiben wie Michael Quante ausführt:

> Damit steht dieser Begriff für die jeweils individuelle Ausgestaltung des Personseins in der Biografie der jeweiligen Person, für ihre evaluativen Einstellungen, ihre Überzeugungen, Wünsche und Lebenspläne, ihr Selbstbild von ihren Fähigkeiten. Mit anderen Worten: Persönlichkeit bezeichnet, wer oder was eine Person ist und sein will.[160]

Wir könnten uns nach einem Eingriff nicht mehr so fühlen wie zuvor. Unser Selbstgefühl, einzelne Erinnerungen und unser Selbstverständnis könnten sich verändern. Was, wenn ich die Gefühle, die ich beim Tod meiner Schwester hatte und die mich früher quälten, nun nicht mehr nachempfinden kann und das nun aber als Verarmung meines Lebens empfinde? Wie würde ich mich fühlen, wenn ich plötzlich jemand wäre, der kein Mitleid mehr mit Bettlern empfinden kann? Vor dem Eingriff waren sie mir lästig. Aber heute denke ich, ich hätte etwas geopfert, das mich als Menschen auszeichnet, um dieses Mitgefühl loszuwerden. Hier liegt eine Quelle möglicher Gefahren.

Enhancement kann auch verändern, wie eine Person durch andere wahrgenommen wird. Mein *Verhalten gegenüber anderen* kann sich so ändern, dass sie mich nicht wiedererkennen. Was etwa, wenn meine alte Schwermut verschwunden ist und ich immer fröhlich bin, auch wenn gerade meine Mutter beerdigt wird? Was, wenn ich unter Antidepressiva mein soziales Engagement einstelle, weil ich mich nun mehr um mich selber kümmere? Wenn man auf die Folgen für meinen Partner, meine Familie usw. schaut, sind das soziale Probleme. Aber wenn ich mich so verhalte, kann das verhindern, dass ich sozial akzeptiert werde und das kann mich unglücklich machen. Wäre ich noch froh, wenn sich mein Partner und meine Freunde von mir trennen, weil sie mit der alten Schwermut besser fertig wurden als mit der neuen Heiterkeit?

Was kann der Verteidiger von Verbesserungen auf diese Vorwürfe erwidern? Die Persönlichkeit bleibt nicht ein Leben über konstant, sondern sie verändert sich ständig. Und das ist gut so, sonst wären wir als Menschen erstarrt und nicht mehr lernfähig. Veränderungen sind also als solche nicht immer bedrohlich, sondern oft erwünscht. Befürworter von Verbesserungen werden es als einen Vorteil ansehen, wenn man seine Persönlichkeit verändern kann. Persönliche Identität ist im Fluss und sie zu *verändern*, ist etwas ganz anderes als sie zu *verlieren*. Daher ist es nicht gut argumentiert, wenn die Bioethiker des US-Präsidenten davor warnen, dass „Verbesserungen" „subtil neu gestalten könnten, wer wir sind".[161] Gemeint ist offenbar, dass sie subtil „unter der Hand und gegen unseren Willen" neu gestalten könnten, wer wir sind. Dann könnte man seine Persönlichkeit verlieren und genau das spricht der Ethikrat an. Wann entspricht also ein Wandel der Persönlichkeit unserem autonomen Willen, wann wird er zur Gefahr?

Der Philosoph Harry Frankfurt erklärt, wann ein Wunsch einer Person autonom ist.[162] Frankfurt meint, dass wir *zwei Arten von Wünschen* besitzen, solcher erster und solche zweiter Stufe.[163] Die Wünsche erster Stufe richten sich direkt auf die Handlungen, die ich ausführen könnte, etwa ein Eis oder eine Gedächtnispille konsumieren. Wünsche zweiter Stufe beziehen sich auf diese Wünsche erster Ordnung, indem man sich mit ihnen identifiziert oder sie ablehnt. Ich wünsche mir mit einem Wunsch zweiter Ordnung, einen Wunsch erster Ordnung zu haben. Zum Beispiel den, nicht mehr rauchen zu wollen. Wünsche, die auch wirklich mein Handeln bestimmen, werden zu meinem *Willen*, andere bleiben bloße Wünsche. Wenn ich mir das Rauchen also abgewöhne, wird mein Wunsch erster Stufe mein Wille. Habe ich einen Wunsch zweiter Stufe, dass dieser Wunsch erster Stufe mein Wille wird, dann ist dieser Wunsch zweiter Stufe nicht nur irgendein unverbindlicher

Wunsch, sondern eine „Volition". Die kann meinen Wunsch nicht mehr rauchen zu wollen, zu meinem Willen machen. Wünsche erster Ordnung können auch Wünschen zweiter Ordnung widersprechen. So widerspricht etwa mein Wunsch zu rauchen meinem Wunsch, eine Person zu sein, die gesundheitsbewusst lebt. Nüchtern beurteilt, will ich ihn ablegen, aber leider bestimmt er meinen Willen und mein Handeln. Wenn ich hingegen einen Wunsch erster Ordnung auf der zweiten Stufe anerkenne, dann identifiziere ich mich mit ihm. *Ein Wunsch erster Ordnung ist autonom, wenn eine Volition wirksam und er der Wille des Handelnden wird.*

Dass eine Person ihre eigenen Wünsche ablehnen oder begrüßen kann, ist ein wichtiger Aspekt der Persönlichkeit.[164] Man kann dieses Verständnis der Persönlichkeit und ihres autonomen Wandels ausweiten. So meint Laura Ekstrom, dass man nicht nur das Verhältnis zweier Wünsche verschiedener Stufen betrachten dürfe, um den autonomen Wandel zu erklären. Dazu müsse man ein ganzes *Netzwerk* aus zueinander passenden, „kohärenten" Wünschen und Überzeugungen anschauen. Das *wahre Selbst* bilden dann die kohärenten Wünsche, die bejaht werden oder die bejaht würden, wenn man sie überdenkt.[165] Kohärenz heißt dabei, dass keine Widersprüche zwischen den bejahten Wünschen bestehen und dass sie sich wechselseitig ergänzen und bestärken.

Damit haben wir eine für unsere Zwecke hinreichende Theorie darüber, wann sich eine Persönlichkeit autonom verändert. Der Wandel verläuft über kohärente und bejahte bzw. bejahungsfähige Wünsche und Überzeugungen. Wann ist er durch Verbesserungen gefährdet? Nun genau dann, wenn mein Wunsch mich zu verbessern, kein von mir bejahter oder bejahungsfähiger Wunsch ist. Und wenn er mit meinen anderen Wünschen nicht kohärent ist, ich ihn aber dennoch in die Tat umsetze, werde ich dadurch zu jemandem, der Dinge tut, die er nicht wirklich tun will. Das zeigt sich beim Rauchen, das ich auch nicht bejahe. Ich stimme dann mit mir selbst nicht mehr überein und das beschädigt meine Persönlichkeit. Das heißt, *solange eine Verbesserung zu mir und meinen anderen Wünschen passt und ich den Wunsch nach ihr bejahe (oder bejahen würde, wenn ich darüber nachdächte), verwirkliche ich mich.*

Das ist allerdings nur der Fall, wenn ich nicht etwa durch Zwang, Drogen, falsche Informationen oder undurchdachtes Nachahmen von Vorbildern dazu gebracht wurde, zu bejahen bzw. nicht zu verneinen (vgl. Brandt). Wenn man aufklärt, woher ein Wunsch stammt, wird klarer, was man tatsächlich bejaht und wie es um die

Kohärenz der eigenen Wünsche bestellt ist. Allerdings kann es trotz aller Aufklärung vorkommen, dass Wünsche Frustration schaffen, nachdem sie erfüllt wurden. Bevor der Wunsch erfüllt wird, kann man nie genau wissen, wie man sich danach fühlen wird. Insofern kann ein ehemals bejahter Wunsch auch nach der Verbesserung kritisiert werden und Leid verursachen.

Damit ist klarer geworden, welche Gefahren entstehen könnten. Die Liberalen werden erneut sagen: Ob jemand seine Persönlichkeit verändern will, das ist *seine eigene Entscheidung*, wir können ihn nur vorher über die Risiken aufklären. Der Konservative wird immer noch befürchten, dass sich Menschen durch Verbesserungen selbst schaden. Ein solcher Schaden kann mehrere Ursachen haben: Erstens könnte es sein, dass die Wünsche nach Verbesserung nicht dem wahren Selbst eines Menschen entspringen. Der Wunsch nach Verbesserung könnte sich, wie der Wunsch zu rauchen, als ein Fremdkörper in der Persönlichkeit eingenistet haben und sie tyrannisieren. Zweitens könnten solche Wünsche nicht dem wahren Selbst entspringen, weil sie und auch die sie aktuell oder potenziell bejahenden Wünsche nicht zu den restlichen Wünschen und Überzeugungen der Person passen. Wenn Hans ein tief konservativer Mensch ist, dann kann der Wunsch, ein „Superman" zu werden, nicht sein autonomer Wunsch sein. Wenn Hans das dennoch meint, gibt es Anlass zu Zweifeln. Und letztlich kann man selbst dann frustriert werden, wenn aufgeklärte Wünsche erfüllt wurden, obwohl man alle Tatsachen, soweit vorhersehbar, richtig veranschlagt hat. Zukünftige Gefühle kann man nicht exakt vorhersehen.

Aber: Man könnte die Tragweite der Entscheidung mindern, wenn man nur Verbesserungen vornimmt, die *reversibel* sind. Zwar kann man einen Eingriff nicht einfach nicht Geschehen machen. Die *Erfahrungen*, die jemand in der Zeit macht, in der er verbessert wurde, bleiben und prägen ihn. Und manche Eingriffe lassen das Gehirn nicht unverändert zurück. So kann sich die synaptische Verschaltung selbst verändert haben. Allerdings: das z. B. potenzierte Gedächtnis hat der Betroffene nicht mehr, wenn bestimmte Mittel abgesetzt werden. Das, was ihm offenbar direkt Sorgen bereitet hat, nämlich ein zu gutes Gedächtnis, ist beseitigt. Insofern ist das Enhancement hier also reversibel. Hilft uns die Forderung, nur *reversible Techniken* einzusetzen, aus dem Streit zwischen kritischen Liberalen und Konservativen heraus?

Ehe wir das diskutieren, soll diesem Streit eine weitere Dimension gegeben werden.

3.4 Künstliches Glück oder echtes Leid?

Würden wir mit Verbesserungen, selbst wenn sie unsere Identität nicht in Frage stellten, *glücklich* werden? „Nein", meint der Ethikrat des US-Präsidenten. Glück durch Selbstmanipulation sei *Selbstbetrug*.[166] Die Welt werde durch Pillen nicht besser, sondern nur das Bild von ihr, das wir uns vorgaukeln:

> Gedächtnis- und stimmungsverändernde Medikamente sind eine fundamentale Gefahr bei unserer Suche nach Glück. Sie werden uns verführen, dauerhaft mit einem seichten Glück zufrieden zu sein.[167]

Der Rat meint, wir würden *Echtheit* statt künstlicher Glücksgefühle wünschen, auch auf die Gefahr hin, dass die Realität grausam und hart ist. Dabei kann er sich auf eine lange philosophische Debatte stützen, die zeigen will, dass echte Erlebnisse und nicht ein Leben in „Lustmaschinen" in unserem wahren Interesse liegen.[168] Trifft diese Kritik nur auf Medikamente zu, die das Bewusstsein verändern? Das wird verneint, denn unser Sinn für Echtheit kann auch leiden, wenn wir nach Verbesserungen besondere Leistungen an den Tag legen oder einen veränderten Körper vorfinden. Ein beliebtes Beispiel sind gedopte Sportler, die nach dem Doping nicht mehr auf ihre Leistung stolz sein könnten. Allerdings zeigt eine Umfrage von der nationalen Akademie für Sportmedizin in Chicago, dass 195 von 198 befragten US-Spitzensportlern keine Bedenken hätten, zu dopen. Mehr noch, auf die Frage „Würdest du ein verbotenes Mittel einnehmen, das dich die nächsten fünf Jahre bei jedem Wettbewerb zum Sieger macht, auch wenn du später daran stirbst?" antwortete über die Hälfte der Athleten mit „Ja".[169]

Der Ethikrat meint davon unbeirrt, auch die Verbesserung von Leistungen sei „unecht". Auf menschliche Weise verändert und so wirklich glücklich zu werden, bedeutet für den Bioethikrat der US-Regierung, sich diese Veränderung „mit eigenen Händen" zu erarbeiten. Man muss sich anstrengen, um am Ende die Früchte des Erfolgs zu ernten. Für Menschen zählt nicht nur das Ergebnis, sondern auch der Weg, anders bei Maschinen.[170] Das stimmt sicherlich häufig, hier liegt in der Tat eine mögliche Gefahr. Vielleicht haben normale Menschen andere Einstellungen als Spitzensportler und sie könnten auf ihre neuen Eigenschaften nicht mehr stolz sein und sich mit ihnen nicht mehr voll identifizieren, wenn sie plötzlich, etwa nach einer Operation, über sie kommen.

Allerdings kann man hier einiges einschränken. Erst einmal wird dieses „calvinistische" Gefühl, dass man die neuen Eigenschaften oder das künstliche Glück „nicht verdient hat", nicht bei jedem Menschen eintreten. Es gibt hier ganz unbekümmerte Naturen oder Menschen, die den befragten Spitzensportlern ähneln. Sollten die Leute nicht einfach selbst entscheiden, wie wichtig ihnen ein solches Gefühl wäre? Weiterhin wäre beim kognitiven Enhancement diese „Entfremdung" vom eigenen Körper und den eigenen neuen Fähigkeiten sicher direkt nach einem Eingriff besonders groß. Aber dann beginnt der neue Alltag und man erarbeitet sich erste Projekte mit den neuen Fähigkeiten. Diese sichern eben nicht *allein* den Erfolg, sondern man muss sie richtig einsetzen. Oft wird man seine Ziele nach oben korrigieren und nun Dinge anstreben, die früher nicht erreichbar schienen. Aber diese neuen Ziele fordern dann vielleicht wieder den vollen Einsatz, das heißt den Einsatz der neuen Fähigkeiten und die größte Mühe, den größten Fleiß, die man als Person aufbringen kann. So kann man sich seine neuen Talente stückweise aneignen, indem man die Perspektive wechselt: Neue Erfolge sind Produkt der eigenen Arbeit *und* der neuen Technik.[171] Und wo hilft die Technik dem Menschen heute nicht bei „seinen" Erfolgen? Wenn man eine komplizierte Rechnung nicht im Kopf, sondern mit dem Taschenrechner beendet, ist man dann nicht auch stolz auf das Ergebnis? Der Taschenrechner hat nur das mühevolle Ausrechnen übernommen. Was man in welcher Reihenfolge eingetippt hat, das hing von einem selbst ab, der Taschenrechner mindert den Stolz kaum. Und was ist nun der Unterschied, ob ich einen solchen Rechner in der Hand oder im Kopf habe? Ein besseres Gedächtnis nimmt mir nicht das Denken ab, sondern ermöglicht mir nur einen umfassenderen Input an Informationen. Diese Verteidigung kann zutreffen, muss es aber nicht. Es kommt auf die Persönlichkeit des Einzelnen an, ob er sich seine neuen Fähigkeiten aneignen kann oder nicht. Das heißt, der Ethikrat des US-Präsidenten kann auf eine eventuelle Gefahrenquelle hinweisen.

Nun erhält das Leitbild der „Echtheit", das man auch *pharmazeutischen Calvinismus* nennt, allerdings weitere Risse, wenn man sich den Fall des siebenfachen Olympiasiegers Eero Mäntyranta anschaut. Seine Ausdauer beim Skilanglauf war so bemerkenswert, dass er in Verdacht geriet, zu dopen, indem er sich rote Blutkörper injizierte. Bei Tests stellte sich heraus, dass Mäntyranta mehr rote Blutkörperchen als gewöhnlich hatte, der Verdacht erhärtete sich.

Einige Zeit später wurde bei einer Genanalyse innerhalb seiner Familie ermittelt, dass er wahrscheinlich Träger einer seltenen Mutation war, die dazu führte, dass der Körper mehr rote Blutzellen produziert. Natürlich hat sein Genom Mäntyranta Wettbewerbsvorteile verschafft. Schmälert das, dass seine Medaillen eine enorme Leistung waren, auf die er stolz sein konnte?[172] Wären die Medaillen eines gentechnisch verbesserten Langläufers, der mehr rote Blutkörperchen als der Durchschnitt hätte, weniger „selbst verdient"? Ist unsere ganze Zuschreibungspraxis für Erfolge nicht eine Illusion?[173]

Weiterhin kann man zumindest bestreiten, dass unserem Leben *Sinn* entzogen wird, wenn wir bestimmte Ziele nicht mehr mit den alteingesessenen „echten" Mitteln erreichen. Niemand jagt oder reist heute noch wie vor einigen Jahrhunderten. Empfinden wir unser Leben aber deshalb als ärmer? Neue Techniken haben neue Sinnangebote entwickelt und somit nicht nur Sinn zerstört, sondern auf neue Dinge verschoben.[174] Zwar mögen manche altbekannte Mittel nicht mehr nur Mittel, sondern auch zu einem Teil Selbstzwecke geworden sein.[175] Aber es scheint, dass auch neue Mittel das können. Nehmen wir nur das Beispiel des Reisens. Vielleicht war eine langsame Kutschfahrt früher auch einfach ein schönes Erlebnis. Dann hat uns das Auto dieses Glück genommen. Aber Autos haben für viele Menschen auch einen Selbstzweck bekommen, wie man an Samstagnachmittagen in Deutschland häufiger beobachten kann.

Das alles sind Punkte, welche die *psychologischen Phänomene* neu beleuchten. Worunter könnte man leiden, falls es entsprechende Verbesserungen gibt? Für den liberalen Ethiker sind diese Phänomene jedoch weitgehend irrelevant. Er kann allen calvinistischen Argumenten mit dem Einwand begegnen, dass jeder Mensch selbst entscheiden muss, ob und in welchem Ausmaß er an der Realität leiden will. Es wäre dann *Privatsache*, ob ein gut informierter Mensch sich solchen psychologischen Gefahren aussetzen möchte. Zumal derzeitige Stimmungsaufheller uns keine Scheinwelt vorgaukeln, sondern der Realität nur die emotionalen Spitzen nehmen, worin sie der Psychotherapie ähneln.[176] Aber schärfer gefragt: Wer verbirgt sich denn hinter dem „wir", von dem der Ethikrat spricht, wenn er unterstellt, „wir" hätten ein Interesse an „Echtheit"? Nicht alle Menschen nehmen die Welt so wahr wie der Bericht nahelegt. Ist Wohlergehen nur auf einem Weg zu erreichen, der für alle Menschen gleich ist? Spätestens hier werden Proteste geweckt. Glück ist offenbar höchst individuell. Das muss der Bericht bestreiten: Er bekennt sich zu einer objektiven und für alle gültigen Vision vom Glück. Er vertritt ein Ideal vom „true human flourishing", also ein Ideal einer für alle Menschen angemessenen Weise, ein gedeihliches Leben zu führen:

> Ein gedeihliches menschliches Leben ist kein Leben mit einem alterslosen Körper oder einer Seele ohne Sorgen (…) Es ist ein Leben, das nach einer Erfüllung strebt, auf die unsere natürliche menschliche Seele ausgerichtet war und wenn wir seine Wurzel nicht ausreißen, immer ausgerichtet sein wird. Es ist kein Leben der besseren Gene oder der verbessernden Chemikalien, sondern der Liebe und Freundschaft, des Gesangs und des Tanzes, der Rede und der Tat, der Arbeit und des Lernens, der Ehrfurcht und der Anbetung.[177]

Der Weg zum Glück ist für den Rat „für immer ausgerichtet", sein Ziel wird also von jedermann zu allen Zeiten auf dieselbe Weise erreicht. Arbeit und Lernen werden als universelle Werte verstanden, ebenso wie Anbetung und Ehrfurcht. Dass heute viele Menschen ihr Glück auf andere Weise und bei anderen Werten suchen, wird ausgeblendet. Aber allen Menschen einen Einheitsweg zum Glück vorzuschreiben, das ist vermessen. Wenn man ein realistischer Konservativer ist, müsste man diesen Einheitsweg empirisch stützen können, was der Rat nicht tut. Und die Meinungen des idealistischen Konservativen wurden bereits als unbegründet zurückgewiesen.

Das heißt, dass die Menschen im Prinzip selbst entscheiden müssen, welchen Weg zum Glück sie wählen und wie wichtig ihnen Echtheit auf diesem Weg ist. Erneut könnte man warnen: Ist die Verlockung nicht zu groß, überfordert uns eine solche Wahl nicht? Aber: Wenn man Pillen einnimmt, kann man diese auch wieder absetzen und Chips eventuell abschalten. Hilft uns die Forderung, nur *reversible Techniken* einzusetzen, aus dem Streit zwischen kritischen Liberalen und Konservativen heraus?

3.5 Liberal mit Auffangnetz

Konservative werden das ablehnen. Sie meinen, diese Verteidigung sei zu einfach gedacht. Wenn jemand ein Leben voller Glücksgefühle kennenlernt, wird er dann die Kraft aufbringen, sich daraus zu befreien, auch wenn er glaubt, langfristig täte ihm sein neues Leben nicht gut? Das kann der Fall sein. Aber wie viel ist menschliche Freiheit noch wert, wenn man Verbesserungen deshalb für unverantwortbar hält? Zumal wenn vor ihnen gut beraten wurde und den Menschen danach die Möglichkeit offen steht, vieles rückgängig zu machen? Menschen, die mit dieser Verantwortung nicht zu recht kommen, können in freiheitlichen Gesellschaften an sehr vielen Orten Schaden nehmen. Sie können Alkoholiker oder notorische Spieler werden und lebensgefährliche Hobbys ausüben. Wenn sie süchtig werden, meinen viele, dass sie das selbst verantworten müssen. Wir entmündigen sie nicht und Verbesserungen machen anders als etwa Alkohol nicht süchtig, allenfalls führen sie zu „Gewohnheiten".[178] Wir verstehen den Menschen in einer freien Gesellschaft so, dass er wenigstens eine gewisse Verantwortung für sich übernehmen kann und dass er nicht allen sozialen Einflüsterungen erliegt. Sonst müssten wir unsere Welt an allen möglichen Stellen verändern und sicherer aber auch unfreier machen. Dazu scheinen viele Kritiker von Enhancement nicht bereit zu sein.

Daher sollte man reversible Schritte prinzipiell zulassen, wenn man dem Konservativen nicht zu weit entgegenkommen will, zumindest was die individuellen Folgen angeht. Aber kann man es hierbei bewenden lassen? Was ist mit *irreversiblen* Verbesserungen? Lassen wir Schönheitsoperationen nicht auch zu und halten sie unter Umständen für ethisch verantwortbar? Der Konservative könnte erwidern, dass man in diesem Fall auch viel besser voraussehen kann, wie die eigene Zukunft aussehen wird. Man kann seinen neuen Körper in Simulationen vorher schon betrachten. Viel schwieriger ist es, mentale Veränderungen zu prognostizieren und zu bewerten. Wie würde es sich anfühlen, andere Fähigkeiten zu haben? Wenn man das aber im Voraus kaum einschätzen kann, ist die Gefahr eines Irrtums groß. Das leuchtet ein, aber was folgt daraus?

Offenbar muss man Mental- und Körperenhancement unterschiedlich behandeln. Allerdings wird man bei schwer einschätzbarem und das heißt in der Regel bei radikalem Körperenhancement auch skeptischer mit irreversiblen Eingriffen umgehen als etwa beim moderaten Verbessern. Bei radikalem Enhancement besteht ein großes Risiko, sich zu verschätzen, weil die Intervention dem Betroffenen völlig neuartige Erfahrungen eröffnet, deren Bewertung es kaum aus dem ableiten kann, was es schon kennt. Im Weiteren will ich mich nur mit *schwer einschätzbarem Körperenhancement* und mit Mentalenhancement befassen. (*Leicht einschätzbares Körperenhancement* ist in der Regel unbedenklich, sofern zuvor

beraten wurde und die Techniken hinreichend sicher sind.) Sind irreversible Schritte hier zu erlauben?

Wenn die Ethik darauf schaut, wie sich das meiste Wohlergehen realisieren lässt, dann sollte man möglichst *empirisch ermitteln*,
wie es um das erzeugte Wohlergehen wirklich steht und Normen
daran ausrichten. Nur wenn irreversible Eingriffe das Wohlergehen im Regelfall deutlich erhöhen, sollte man sie zulassen oder
sogar staatlich fördern. Nun hat man hier noch keine Daten, aber
gleich wird ein Weg beschrieben, auf dem man solche Daten antizi-
pieren kann.

Sich hier an der Empirie zu orientieren bedeutet nicht, *objektive Glücksbedingungen* über den Kopf von Paul hinweg zu definieren. Die späteren Wünsche von Paul sind der Maßstab, der
legitimiert, dass er eventuell nicht alles bekommt, was er heute
wünscht: Wenn es aufgrund bereits erfolgter Beobachtungen anderer Fälle hochwahrscheinlich ist, dass Paul einen Eingriff später be-
reuen wird und wenn der höchst wahrscheinlich eintretende Schaden gravierend genug ist, kann *paternalistisches Handeln* geboten
sein.[179] Zumindest dann, wenn man als Utilitarist möglichst viel
Wohlergehen schaffen will. Das heißt übrigens nicht, dass man sich
selbst nicht gravierend schädigen darf. Viele Raucher wissen, dass
sie sich schaden und meinen bis zuletzt, dass es ihnen das wert ist.
Ich erfasse nur den Fall, in dem der Betroffene selbst später sehr
wahrscheinlich den Eingriff als Fehler verurteilt und wo der mögliche Schaden fast sicher und beträchtlich ist. Das dürfte wenn,
dann am ehesten bei irreversiblen Eingriffen der Fall sein.

Es mag sein, dass in unserer Gesellschaft an manchen Orten toleriert wird, dass man sich so stark selbst schädigt. Vielleicht wurden andere Techniken weniger vorsichtig eingeführt, als ich es hier
für Enhancement vorschlage. Aber das sind gemessen am Prinzip
der Vermehrung des Wohlergehens Fehler. Diese zu vermeiden,
haben wir eine Chance und Verpflichtung, wenn neue Techniken
eingeführt werden.

Man könnte also (unter gewissen Bedingungen s. u.) in einem
ersten Schritt einige reversible Mittel zulassen, eventuell auch erst
lediglich im Rahmen eines „medizinischen" Großversuchs testen.
So könnte jeder Enttäuschte seine Wahl rückgängig machen. Nach
einiger Zeit ist dann empirisch im zweiten Schritt zu prüfen, wie
sich die Dinge entwickelt haben. Wenn der Konservative Recht
hat, wird sich zeigen, dass fast alle Menschen langfristig durch
Verbesserungen (zumindest eines bestimmten Typs) unglücklicher

geworden sind. Es gibt gute Beispiele, dass sich sogar kompetente und aufgeklärte Personen über das eigene zukünftige Wohlergehen täuschen: Denken wir an den querschnittsgelähmten Graham, der seine weitere Lebensqualität als so schlecht beurteilte, dass er Therapien wissentlich und willentlich ablehnte. Behandelt man Patienten wie ihn aber eine Zeitlang doch, stimmen die Patienten diesem Paternalismus später häufig im Nachhinein zu. Sie gewöhnen sich an ihre Situation und bewerten sie dann anders.[180] Wenn man Wohlergehen vermehren will, muss man reagieren, wenn dieses durch Verbesserungen im Regelfall verringert wird. Ein humaner Utilitarist votiert dann für das größere langfristige und gegen das kleinere kurzfristig erhoffte Wohlergehen.[181] Irrt der Konservative, dann kann man die betroffenen Techniken im dritten Schritt auch irreversibel einsetzen. Aber dem Konservativen Recht zu geben, ohne seine Thesen empirisch zu prüfen, wäre falsch. Man kann sowohl schwer einschätzbare körperliche wie auch mentale Verbesserungen für ethisch erlaubt halten, wenn folgende Bedingungen erfüllt sind, die einen *Kompromiss zwischen liberalen und konservativen Argumenten* herstellen sollen, eben einen *Liberalismus mit Auffangnetz*:

1. In einer ersten Phase dürfen *nur reversible* Techniken zugelassen werden.

2. Davon sind nur jene ethisch zulässig, die *unbedenkliche soziale Folgen* haben. Das heißt, wenn es um wettbewerbsrelevante Dinge geht, wäre kompensatorisches und eventuell auch moderates Enhancement zulässig, woran allein schon viele Verbesserungsprojekte scheitern würden. Es gelten die im zweiten Kapitel aufgestellten Bedingungen.[182]

3. Verbesserungstechniken sollten wie medizinische Maßnahmen staatlich auf ihre Wirkungen und Nebenwirkungen für die *Gesundheit* geprüft und erst für akzeptabel gehalten werden, wenn sie weitgehend sicher sind. Insbesondere sollte man sich die Zeit nehmen, *Langzeitwirkungen* zu erforschen.

4. Weiterhin sind verbessernde Eingriffe nur nach eingehender *psychologischer und ärztlicher Beratung* akzeptabel, wodurch die in den Abschnitten 3.3 und 3.4 ausgeführten Gefahren beseitigt werden sollen.

5. Es sollte in einer zweiten Phase *empirisch untersucht* werden, ob die Betroffenen wirklich glücklicher geworden sind, nachdem bestimmte reversible Techniken eingeführt wurden. Daran sollte sich orientieren, wie wir reversible und irreversible Techniken bewerten und ob wir sie auch rechtlich zulassen wollen.

6. Falls nach solch einer Prüfung in einer dritten Phase irreversible Techniken zugelassen werden: Sie wären verantwortbarer, wenn derjenige, der solche Veränderungen will, erst *Erfahrungen mit* (vielleicht weniger wirksamen) *reversiblen Techniken* nachweisen muss. So kann der Betroffene besser vorhersehen, wie es sich als verbessertes Individuum lebt.

7. Negative Folgen wären unwahrscheinlicher, wenn reversible Mittel bei gleicher Wirkung immer irreversiblen vorgezogen würden.

So wäre der Einzelne vor sich selbst geschützt, ohne dass seine Freiheit aufgehoben wurde.

3.6 Für unsere Kinder nur das Beste?

Kinder technisch zu verändern ist besonders brisant, weil diese einem Eingriff *nicht zustimmen* können. Man kann es nicht begrüßen, wenn Kinder auf der Welt leben, die aufgrund z.B. gentechnischer Eingriffe unglücklicher sind, als es „normale" Kinder wären, die an ihrer Stelle auf der Welt leben könnten.[183] Wenn Technik das Wohlergehen vermindert, ist das verwerflich. Aber angenommen, das geschaffene Kind *verdankt dem technischen Eingriff sein Leben* und seine Identität, was insbesondere bei gentechnischen Eingriffen der Fall sein könnte: Macht es Sinn, die Bedingungen der eigenen Existenz zu kritisieren, solange man lieber lebt als tot ist?[184] Könnte das Kind also eventuell über einen Schaden gar nicht klagen, sofern der Eingriff ihm insgesamt mehr genutzt als geschadet hat, weil es ohne ihn eben gar nicht vorhanden wäre? Zwar ist es richtig, dass ein Individuum, das der Gentechnik seine Existenz verdankt, einen solchen Eingriff *aus seiner Perspektive* nicht kritisieren kann, solange es insgesamt von ihm profitiert. Es lebt lieber auf diese Weise als gar nicht geboren worden zu sein. Spekulationen „wie ich mich fühlen würde, ohne so intelligent zu sein", wären hinfällig, denn mich gäbe es nur so intelligent oder gar nicht. Aber wenn wir als Utilitaristen die Menge des Wohlergehens auf der Welt zum Maßstab nehmen, zwingt uns die Ethik, eine *Außenperspektive* auf diesen Fall einzunehmen: Wie viel Wohlergehen würde existieren, wenn statt der technisch veränderten Kinder unveränderte auf die Welt kämen?[185] Erst wenn man diese Außenperspektive akzeptiert, kann man die Frage nach einer Schädigung von Kindern durch Enhancement umfassend diskutieren, auch wenn lebensfähige Kinder erzeugt werden, die lieber leben als sterben. Und allein dass wir so Enhancement und andere Dinge, die vor der Geburt von Kindern geschehen und sich später nachteilig für geborene Kinder auswirken, kritisieren können, ist schon ein Grund dafür, diese Außenperspektive zu akzeptieren. Sonst könnten wir auch z.B. viele Formen der Umweltzerstörung nicht kritisieren, weil die Individuen, die in Zukunft in einer zunehmend beschädigten Welt leben, ohne die Rahmenbedingungen dieser Welt nie entstanden wären.[186]

Man kann als Vertreter dieser Position also die Frage nicht vermeiden, ob Eingriffe, die Kinder verbessern sollten, diese Kinder wirklich glücklicher als normale Kinder machen würden. Fälle, in denen das nicht so wäre, kann man sich leicht vorstellen. So zum Beispiel, wenn Eltern kranke Kinder erzeugen, weil sie Krankheit als besondere Lebensform schätzen. So wird beispielsweise von einigen tauben Eltern argumentiert. Taubheit wird von ihnen als andere *Lebenskultur*, nicht als Krankheit verstanden. Diese Kultur biete ihren Mitgliedern einmalige Solidarität und eine unvergleichlich expressive Zeichensprache.[187] Dass den Kindern so erhebliche Optionen zur Teilnahme an der Gesellschaft genommen werden, wird dabei in Kauf genommen. Aber interessanter, da häufiger zu erwarten, sind Fälle, in denen Eltern etwa durch Wahl der Gene die *Selbstentwicklung* des Kindes behindern, ohne Krankheiten zu wählen.

Eltern können die Zukunft ihrer Kinder erstens beeinflussen, indem sie ihnen *zusätzliche Eigenschaften geben*, welche die Kinder jedoch nicht ausüben müssten. Etwa könnten sie ihr Kind zum phänomenalen Tennisspieler befähigen. Selbst wenn sich jedoch die Eltern bei der Erziehung zurückhalten, könnte für das Kind ein Druck bestehen, in die spezielle Richtung zu gehen, zu der es seine Gene tendieren lassen. Das wird belastender je spezifischer die genetische Anlage ist. So weiß das Kind wahrscheinlich von dem Eingriff und erkennt den Willen der Eltern dahinter, so dass es sich schuldig fühlen könnte, wenn es diesen Erwartungen nicht gerecht wird. Das ist eine andere Situation, als wenn die Natur einem Kind ein Talent schenkt. Ob hier die Selbstentwicklung unverantwortbar eingeschränkt wird, werden wir unten weiter diskutieren. Noch stärker würden die Eltern zweitens einwirken, wenn den Kindern *Eigenschaften genommen* werden. Würden etwa Huxleys Epsilons produziert, die sich nur noch für niedere Arbeiten eignen, dann

würden die Möglichkeiten maximal beschnitten. Dasselbe gilt,
wenn Charaktereigenschaften und Persönlichkeitsmuster installiert
werden, die nicht in der großen Mehrzahl der Lebenslagen hilfreich
sind, etwa Stolz oder Melancholie. Dissonanzen zwischen Prägungen und Lebenszielen der Kinder sind mit Dieter Birnbacher
gesprochen

> am ehesten dann zu erwarten, wenn die eingeprägten Merkmale nicht nur
> Ressourcen, sondern auch steuernden Charakter haben und nicht nur die
> Optionen erweitern, sondern auch die Wahl zwischen den offenstehenden
> Optionen vorbahnen.[188]

Der Lebensweg des Kindes kann eingeengt und seine Wahlfreiheit
kann massiv behindert werden, wenn *Optionen beschnitten* werden. Das könnte Glück vermindern, wenn man den Fall aus der
Außenperspektive betrachtet. Müssen alle Eingriffe von dieser
schädlichen Art sein? Die Eltern könnten auch Eigenschaften des
Kindes wählen, die es ihm gerade ermöglichen, viele Wahlmöglichkeiten zu haben.[189] Gemeint sind insbesondere *Allzweckmittel*, die
in fast jeder Situation nützlich bzw. selten schädlich sind, etwa Gesundheit, Intelligenz und Körperkraft. Dan Brock meint daher, es
könne Fälle geben, in denen gerade das „Recht" der Kinder auf
eine „offene Zukunft" die Entscheidung von Eltern erzwinge, Kinder technisch mit Allzweckmitteln auszustatten.[190]

Allerdings wäre auch hier ein Druck auf das Kind vorstellbar,
etwa intelligent werden zu sollen, wie oben schon bemerkt wurde.
Aber solche Anforderungen gibt es viele im Leben. Zwar sind sie
ein Problem (s. o.), jedoch sind sie nicht so belastend, dass sie um
jeden Preis zu vermeiden wären. Fast jeder Mensch ist ihnen z. B.
in der Kindheit ausgesetzt – von wem wird nicht erwartet, dass er
dies oder das werden könnte? Es gibt auch schon ohne Enhancement Fälle von *Erwartungen an Kinder*, die unglaubliche Ausmaße
annehmen. Ein gutes Beispiel ist der Philosoph John Stuart Mill,
der von seinem Vater James Mill in einem Erziehungsexperiment
zur „intellektuellen Speerspitze" der Philosophie seines Zeitalters
ausgebildet werden sollte. Mill sollte ein lebender Beweis dafür
werden, dass alle selbstsüchtigen Neigungen und Vorurteile auf
äußere Einflüsse zurückzuführen sind. John Stuart wurde von
Gleichaltrigen ferngehalten, bekam Bücher statt Spielsachen und
begann im Alter von drei Jahren sein Studium der griechischen
Sprache. Diese Erziehung und die Erwartungen seines Umfelds
stürzten Mill in tiefe Depressionen, über die er in seiner Autobio-
graphie berichtet:

Ich machte mechanisch weiter, durch die bloße Macht der Gewohnheit. Ich war für eine bestimmte Art der geistigen Arbeit so gedrillt, dass ich mit ihr selbst dann fortfahren konnte, als sie längst jeden Geist verloren hatte.[191]

Allerdings konnte sich Mill aus dieser Krise befreien und letztlich doch als ein führender Philosoph des 19. Jahrhunderts wirken. Selbst bei diesem extremen Beispiel zeigt sich also, dass übersteigerte Erwartungen verkraftbar sein können.

All das zusammengenommen macht folgende Position plausibel: Man darf Kinder verbessern, wenn man ihre Optionen maßvoll erhöht, etwa indem man Allzweckmittel für sie wählt. *Gibt es solche Allzweckmittel aber überhaupt?* Darüber wird gestritten. Wenn man etwa intelligent ist, hat man nicht mehr die Option dumm zu sein, d. h. auch eventuelle Allzweckmittel vereiteln Optionen, aber sie sollen mehr Chancen eröffnen als sie verschließen. Jürgen Habermas bestreitet ihre Existenz[192] – mit einer Ausnahme: Eingriffe, die die Gesundheit des zukünftigen Menschen retten, können so verstanden werden, dass ihnen dieser Mensch in Zukunft zustimmen würde. Man kann einen Konsens mit ihm vorhersehen.[193] Gesundheit ist ein so zentrales Gut, dass niemand auf es verzichten wollen wird. Das gilt nach Habermas aber nicht für Intelligenz oder ein gutes Gedächtnis:

Sind Eltern, die nur das Beste für ihre Kinder wollen, wirklich in der Lage, die Umstände (...) vorauszusehen, untern denen beispielsweise ein glänzendes Gedächtnis oder hohe Intelligenz (...) segensreich sein werden? Ein gutes Gedächtnis ist oft, aber keineswegs immer ein Segen. Nicht vergessen zu können, kann ein Fluch sein. (...) Ähnliches gilt für herausragende Intelligenz. Sie ist in vielen Situationen vorhersehbar ein Vorteil. (...) Aber wie wirken sich die dadurch erlangten ,Startvorteile' (...) beispielsweise auf die Charakterbildung des Hochbegabten aus?[194]

Diese Kritik hat Defekte. Eine gute Eigenschaft kann sich auch im Einzelfall negativ auswirken. Hier kommt es dem Verteidiger von Verbesserungen auf die Statistik an: Wird Intelligenz *im Regelfall* den Interessen des Kindes nutzen? Davon gehen wir bei der Erziehung jedenfalls aus, denn wir fördern Intelligenz bei *allen* Kindern, so gut wir können, ebenso wie die Gesundheit. Wenn es Habermas ernst mit seiner Kritik an Allzweckmitteln ist, muss er sie auch auf die Gesundheit ausweiten. Könnte Sylvia im Krankenhaus nicht Heinz, die Liebe ihres Lebens kennenlernen? Und ihre Krankheit kann Sylvia neue wertvolle Dimensionen ihres Selbst zeigen, deren Entdeckung das Leiden für Sylvia überwiegt. Aber das gilt eben nur für Einzelfälle. Habermas erwägt das.[195] Aber kann er das akzeptieren und zugleich meinen, dass Verbesserungen der Gesundheit moralisch unbedenklich sind, weil man einen Konsens mit der zukünftigen Person darüber voraussetzen kann? Letzteres und damit die Auffassung, dass Gesundheit dennoch ein Allzweckmittel ist, dominiert bei Habermas. Also können Ausnahmen auch bei ihm ein positives Urteil über die Regel nicht aufheben und nicht begründen, den positiven Normalfall nicht anzustreben. Das müsste Habermas jedoch auf Gesundheit *und* Intelligenz anwenden oder auf keines von beiden.[196]

Aber gilt nicht das Prinzip „no gain without loss"? Das bedeutet, dass das Gehirn es an anderen Orten kompensieren muss, wenn es an einer Stelle optimiert wird, was es problematisch erscheinen lässt, ob Allzweckmittel realisiert werden können. Allerdings diskutiere ich hier unter der Prämisse: Was wäre, wenn uns die Technik erlaubt, solche Mechanismen zu überwinden? Sonst vertrauen wir erneut auf technische Unmöglichkeit. Wenn wir das wollten, müssten wir nicht über Verbesserungen von Intelligenz reden, denn es ist auch nicht absehbar, dass die technisch möglich werden. Allerdings sollen diese technischen Bedenken auch nicht zu leicht abgetan werden. Mit der bislang vorhersehbaren Technik sind mentale Allzweckmittel wohl kaum möglich, das ist stets mit zu bedenken.

Jedenfalls kann man für die Analyse des Idealfalls festhalten: Die Wahl von Allzweckmitteln wäre zumindest kein Fehler. Gerade weil Eltern eben nicht wissen können, was die Zukunft für ihre Kinder bereithält, ist es verantwortlich, wenn man den Kindern die statistisch gesehen besten Startchancen mit auf den Weg gibt. Ist es nicht immer noch wahrscheinlicher, dass ein Leben gelingt, weil man es nach bestem Wissen und Gewissen mit vielversprechenden Anlagen ausgestattet hat als dass es gelingt, wenn die Natur zufällig Eigenschaften mischt? Natürlich können Menschen zukünftige Chancen falsch einschätzen, aber die Natur, die sich nicht einmal bemüht, Chancen für das Individuum zu wählen und Nachteile für dieses zu vermeiden, dürfte kaum besser sein.

Wenn man unterstellt, dass Allzweckmittel technisch möglich werden, stellt sich auch die *Frage der Verantwortung* anders als oft vorhergesagt wird. Es ist nicht nur zu befürchten, dass Kinder ihre Eltern anklagen, weil die ihnen bestimmte Gene etc. aufgezwungen und so eventuell ihre Wahlmöglichkeiten verengt haben. Es ist auch gut möglich, dass Kinder ihren Eltern vorwerfen, sie dem blinden natürlichen Zufall ausgesetzt zu haben, wo es doch in ihrer Macht gelegen hätte, ihnen gute Startchancen mit auf den Weg zu geben.[197] Das erkennt auch Habermas und fragt daher, „ob wir überhaupt die Verantwortung für die Verteilung von natürlichen Ressourcen übernehmen können.“[198] Aber haben wir hier eine Wahl? Wenn wir die Macht zu einer genetischen Veränderung der Natur des Menschen haben, müssen wir auch verantworten, sie *nicht* zu nutzen. Und wenn wir diese Macht haben könnten, wenn wir danach forschen würden und dies unterlassen, müssen wir auch in diesem Fall verantworten, was wir *nicht* getan haben.

Habermas listet eine große Zahl möglicher *psychischer Lasten* auf, die auf einem veränderten Kind ruhen könnten und die über den gerade diskutierten Punkt hinausgehen, dass seine Wahlmöglichkeiten beschnitten wurden.[199] Das Kind könnte sich *minderwertig* und nicht als volles Mitglied der moralischen Gemeinschaft fühlen. Es könnte sich nicht *als ungeteilter Autor seiner eigenen Lebensgeschichte* betrachten und würde sich vielleicht nicht als anderen *ebenbürtige Person* empfinden.[200] Insbesondere kritisiert Habermas, dass die genetische Prägung *unrevidierbar* sei. Das Kind habe bei der Erziehung eine Chance, sich „retroaktiv davon zu befreien“, da sich selbst Neurosen durch Psychoanalyse auflösen lassen.[201] Ein solches „Nein“ zur eigenen Erziehung ist für Habermas bei den unwiderruflichen genetischen Prägung nicht möglich: „Eine nutznießende Person muss die Chance erhalten, Nein zu sagen.“[202]

Recht hat Habermas damit, dass die „Selbstverständlichkeit, mit der wir als Leib existieren“[203] durch das Wissen von z. B. gentechnischen Eingriffen gestört würde und Betroffene sich mit neuen Fragen und Gefühlen beschäftigen müssten. Aber das heißt nicht, dass es auf diese Fragen keine Antworten gibt und dass uns diese Gefühle nur schaden müssen. Es ist immer hochspekulativ, vorwegnehmen zu wollen, wie Kinder sich dereinst fühlen werden. Wenn Kinder alt genug sind, um zu verstehen, können sie ganz individuell reagieren. Manche Kinder könnten sich positiv als „etwas ganz Besonderes“ verstehen. Und manche Kinder könnten meinen, auch wenn die Natur ihren Zufall walten lässt, seien sie nicht der ungeteilte Autor des eigenen Lebens.[204] Circa 50 Prozent sind genetische Veranlagung, unabhängig davon, ob das natürliche oder ausgewählte Gene sind. Und selbstverständlich haben die Kinder auch bei natürlichen Genen nicht die Chance, „Nein“ zu ihnen zu sagen. Gerade wenn die Kinder durch Gene nicht eingeschränkt, sondern wenn ihre Wahlmöglichkeiten maßvoll erweitert werden, könnten sie sich mit Veränderungen besser fühlen als ohne diese.

Aber wäre nicht doch ein Minderwertigkeitsgefühl zu befürchten? Dass man sich nach Eingriffen anderer unterlegen fühlt, kann man nie ausschließen, aber *vernünftige Gründe* dafür gäbe es wenige. Leider führt Habermas auch nicht aus, *warum* ein verbessertes Individuum sich minderwertig fühlen sollte. Wenn das Kind sich fragt, ob es eine ebenbürtige Person und ein vollwertiges Mitglied der moralischen Gemeinschaft ist, dann sollten ihm Eigenschaften wie Selbstbewusstsein, Rationalität, Emotionalität und so weiter einfallen, die es zu einer anderen moralisch ebenbürtigen Person machen. Keine dieser Eigenschaften wird einem Kind genommen, wenn es etwa genetisch mit Allzweckmitteln ausgestattet wird.[205] Dem Kind könnte bei dem Gedanken unwohl sein, dass manche seiner Wünsche eigentlich nicht seine Wünsche, sondern ursprünglich die seiner Eltern sind. Aber dann müsste ein unverändertes Kind auch meinen, „seine" Wünsche seien manchmal nicht seine eigenen, sondern Produkte des natürlichen Zufalls. Wenn wir die fragwürdige Unterscheidung zwischen „uns" und „unseren Genen" treffen wollen, dann müssen wir das konsequent tun.

Dass den Eltern bei der Wahl von Verbesserungen eine besondere Macht zukommt, ist unbestreitbar. Aber da Kinder sich ohnehin einer gewaltigen Machtfülle der Eltern ausgesetzt sehen, ist nicht klar, dass sie die zusätzliche Macht einer Entscheidung über ein Enhancement noch besonders wahrnehmen. Alles wird auf die Erziehung ankommen. Üben Eltern ihre Macht dort dezent aus, wird das Kind sie wahrscheinlich auch dann nicht als übermächtig empfinden, wenn sie es verbessert haben.

Da Gentechnik für das Verbessern von Kindern besonders attraktiv erscheint, gehen wir noch etwas auf Besonderheiten dieser Technik ein. Werden Eltern von den Kindern fordern, ihre genetischen Dispositionen auszuüben? Immerhin wäre es auch möglich, dass Eltern Kinder genetisch verändern lassen, weil sie meinen: „Wir wünschen uns für uns und unser Kind, dass es ein sehr intelligentes Kind wird. Aber das soll es von sich aus, aus seinen eigenen Dispositionen heraus entwickeln oder gar nicht. Gerade weil wir unser Kind nicht auf etwas „drillen" wollen, was seinen Absichten nicht entspricht, ändern wir nur die Gene, aber halten uns in der Erziehung zurück. Das Kind soll selbst, aufgrund seiner ererbten Talente, Neigungen ausbilden." Wäre dieser Fall nicht viel unbedenklicher als der heute häufig zu findende, wenn Eltern Wunderkinder an der Geige und am Tennisschläger in frühester Jugend erzwingen wollen? Aber wahrscheinlicher wird der Fall sein, in dem Eltern Gene und Erziehung des Kindes auf ein Ziel hin ausrichten. Ist dieses Ziel ein Allzweckmittel, dann kann man das eventuell befürworten. Eine genetische Einengung sollte man ablehnen. Allerdings springt ins Auge, dass wir einen einengenden genetischen „Druck" oft verwerflicher als einen erzieherischen finden, den wir häufig tolerieren. Gibt es dafür Gründe?

Habermas meint das, denn er glaubt, dass sich die Kinder zur Erziehung *kritisch* verhalten können, anders als bei genetischen Manipulationen. Aber einmal außer Acht gelassen, dass die Kinder auch in Bezug auf die natürlichen Gene keine „retroaktive Befreiung" leisten können: Von den Einflüssen der Erziehung kann man sich ebenfalls häufig nicht befreien. Allein schon deshalb nicht, weil nun einmal ein bestimmter Bildungsweg eingeschlagen wurde. So wurden Talente gefördert oder auch nicht. Das kann man zwar später zu kompensieren versuchen, aber das gelingt nicht vollständig: Wer nicht als Kind lernt, Geige zu spielen, hat die Chance vertan, ein großer Virtuose zu werden. Hier werden Fähigkeiten zementiert, worauf Habermas gar nicht eingeht. Ihm ist an Erziehungsinhalten gelegen. Wie weit diese durch die von Habermas ins Feld geführte Psychoanalyse im Nachhinein grundlegend verändert werden können, ist fraglich und wäre erst einmal zu belegen.

Solche Argumente gegen die Möglichkeit, sich völlig von der pädagogischen Vergangenheit zu befreien, scheint auch Habermas ernst zu nehmen. Sonst würde er sich nicht auf das „Gedankenexperiment"[206] einlassen, dass sich pädagogische und genetische Einflüsse in puncto Reversibilität kaum unterscheiden könnten. Er vergisst sehr schnell den relativierenden Konjunktiv, wenn er über „faktisch unumkehrbare" Erziehungsprogramme spricht:

> Diese Programme liegen, obwohl sie in die Sozialisation und nicht in den Organismus eingreifen, in Ansehung der Irreversibilität und der lebensgeschichtlichen Spezifität der Folgen gewiss auf einer Linie mit vergleichbaren genetischen Programmierungen.[207]

Gäbe es solche Programme (wofür viel spricht), dann entfällt das Argument, dass nur genetische Prägungen irreversibel sind.[208]

Zwar kann Habermas mit Recht ausführen, dass *einengende* Manipulationen durch Erziehung und Genetik *beide* problematisch sind, weil sie Wahlfreiheiten beschneiden.[209] Daher braucht man sich, um sie zu verurteilen, nicht nur auf Irreversibilität zu berufen. Aber diese hat Habermas als Argument gegen *jede* „genetische Fixierung" also auch gegen das verstanden, was vererbte Allzweckmittel genannt wurde. In diesem Kontext nicht einengender Eingriffe büßt er das Argument ebenfalls ein, wenn die Uhr der Erziehung sich nicht zurückdrehen lässt.

Aber lassen wir in der Erziehung nicht zu, dass Wahlfreiheiten des Kindes beschränkt werden, wenn das allein[210] im Interesse der Eltern liegt? Es wird allgemein toleriert, wenn ein Nachkomme nur gezeugt und nur dazu erzogen wird, eine Firma zu übernehmen und so Träume der Eltern zu erfüllen. Müssen wir dann, um die Analogie zu wahren, nicht auch *fremd definiertes Enhancement* (vgl. 2.2) zulassen? Dafür, was erlaubt oder geboten ist, hat der Utilitarist ein klares Kriterium, die Glücksmaximierung. Maximiert die Möglichkeit das Glück, in der Erziehung Interessen der Eltern (= gehorsamer Firmenerbe) gegen die langfristigen, wahren Interessen ihrer Kinder (= selbst bestimmtes Individuum) durchzusetzen, wenn nicht nur punktuelle Verhaltensweisen, sondern grundsätzliche Prägungen der Persönlichkeit thematisiert werden? Das kann im Einzelfall zutreffen, aber für den Regelfall gibt es Bedenken. So erleben die Eltern die Entwicklung ihrer Kinder nur eine gewisse Zeitlang, die Kinder könnten aber *lebenslänglich* unter ihrer Prägung leiden. Zudem werden sie als primär Betroffene *stärker leiden* als ihre Eltern, denn Interessen, die auf das direkte eigene leibliche und psychische Wohl zielen (= Interessen der Kinder) sind in der Regel intensiver als Interessen, die auf das Verhalten anderer gerichtet sind (= Interessen der Eltern). In diesem Sinne ist den meisten Menschen sicherlich „ihre eigene Haut am nächsten". Zudem ist nicht ausgemacht, ob die Eltern ihre speziellen Interessen, die sie hatten, als sie das Kind prägten, lebenslänglich *durchhalten*. Vielleicht wollten sie anfangs einen perfekten Firmenerben, aber seitdem die Firma, schon bevor sie vererbt werden konnte, bankrott ging, ist ihnen das gleichgültig. Aber das Kind behält seine Prägung gleichwohl und kann sie nun eventuell nicht mehr ausüben, was es zusätzlich unglücklich macht.

All das lässt Zweifel daran aufkommen, ob das Glück vermehrt wird, wenn allein das Interesse der Eltern die Persönlichkeit ihrer

Kinder spezifisch formt. Also sollte man fremd definiertes Enhancement *und* Erziehung im alleinigen Interesse der Eltern untersagen? Das muss nicht die Konsequenz sein. In die Erziehung der Eltern mischt sich z. B. der Staat kaum ein, weil er übergeordnete Zwecke verfolgt: Würde man hier stark reglementieren, würde die *Familie als Institution* geschwächt. Viele potenzielle Eltern werden diese Rolle nicht übernehmen, wenn ihnen hier zu viele Vorschriften gemacht werden, die letztlich vielleicht sogar von ihnen verlangen, eine andere Persönlichkeit zu werden. Der orthodoxe religiöse Eiferer kann nicht anders, als seine Kinder zu orthodox religiösen Eiferern zu erziehen. Und zudem ist eine eingehende Kontrolle der Erziehung unmöglich, denn sie setzt völlig *Transparenz der intimen Familiensphäre* voraus, was zudem erneut viele Menschen von der Elternrolle abschrecken würde. Also: Ein Verbot problematischer Erziehungspraktiken ist nur in Extremfällen durchsetzbar. Anders bei fremd definiertem Enhancement. Darüber, welche technischen Optionen man Eltern wählen lässt, kann man gut Kontrolle bewahren und Angebote, die Kinder zu spezifisch festlegen, sollte man erst gar nicht zulassen.

Darf man sich entscheiden, sein Kind zu verbessern? Die Antwort kann „ja" lauten, wenn einige Bedingungen[211] gegeben sind und man also auch hier ein „Auffangnetz" aufspannt. *Es dürften nur Mittel gewählt werden, die Optionen maßvoll erweitern.* Ob es Allzweckmittel gibt und was genau zu ihnen gehört, sollte empirisch erforscht werden. Das gesundheitliche Risiko von Forschung und Anwendung muss minimal sein. Schon aus diesem Grund sind gentechnische Verbesserungen von Kindern in der absehbaren Zukunft keine Option, denn die Risiken sind viel zu groß. *Reversible Maßnahmen* wären selbstverständlich die erste Wahl, damit das Kind den Eingriff später korrigieren kann. Weiterhin kommen Eingriffe bei Kindern sowieso erst in Frage, wenn man mit Verbesserungen bei autonomen Erwachsenen hinreichende Erfahrungen hat. Oben wurde schon gesagt, dass empirisch erforscht werden muss, wie sich Veränderungen langfristig auf die Betroffenen auswirken, um die Bedenken des Konservativen auszuräumen. Diese Phase muss bereits abgeschlossen sein, ehe man sich eventuell dazu aufmachen kann, Kinder zu verbessern. Nur ein positives Ergebnis solcher Forschungen könnte Eingriffe bei Kindern legitimieren, die sonst auf hoch spekulativen Hypothesen über deren zukünftiges Wohl beruhen. Ausnahme: Gesundheitsverbesserungen und Anti-Aging (s. u.), wo Vorteile so klar auf der Hand liegen, dass

eine Verzögerung fahrlässig wäre. Hier besteht sogar eine *Pflicht*
der Eltern, ihre Kinder verbessern zu lassen, denn so wird mehr
Wohlergehen erzeugt. Daher wäre auch der Staat prima facie verpflichtet, die Eltern hier zu unterstützen. Ob es auch eine Pflicht
geben muss, Kinder darüber hinaus mit Allzweckmitteln auszurüs-
ten wie etwa Brock meint, kann nur entschieden werden, wenn
hinreichende Daten darüber vorliegen, ob solche Verbesserungen
das Glück im Regelfall deutlich (!) steigern.

4. Jenseits der Natur?

4.1 Terrys Tag

Terry H. wacht auf. Irgendetwas muss ihn geweckt haben. Ja sicher, das Gesumme einer Fliege. Kurz konzentriert sich Terry. Nein, der Störenfried befindet sich nicht im Zimmer, sondern im Nebenraum. Es wundert Terry gar nicht, Dinge aus dem Nebenraum zu hören, denn seine Ohren stammen von den sprichwörtlich guten Ohren des Luchses ab. Terrys Tag beginnt abrupt, aber davon lässt er sich nicht irritieren. Heute steht eine Reise nach New-York an, denn Terry hat ein Vorstellungsgespräch. Dazu lernt er beim Frühstück noch mal schnell ein Buch mit Bewerbungstaktiken auswendig. Kein Problem mit dem neuen Super-Gedächtnischip „Giga-Memo". Im Flieger wird er sich überlegen, wie er umformuliert, um nicht allzu wörtlich zu zitieren. Kaum aus dem Flieger gestiegen, taucht Terry in das Gewimmel der Großstadt ein. Ein Taxi braucht er nicht. Er kann laufen, denn so ist er sowieso fast schneller als der stockende Verkehr. Allerdings versteht man das nur, wenn man weiß, dass Terry 6 Sekunden auf 100 Meter läuft und dieses Tempo mehrere Kilometer durchhalten kann. Verlaufen wird Terry sich dabei sicher nicht, denn er hat einen extra Sinn für magnetische Strahlung, den schon unsere Brieftauben benutzt haben, um sich in die Schlagzeilen zu spielen. Wenn alles vorbei ist, will Terry noch ins Museum für menschliche Evolution gehen. Dort haben sie seit neuestem einen Simulator, in dem man genau erfahren kann, wie man gesehen und gehört hat, bevor die Menschen Chimären wurden. Das wird ein Abenteuer.

4.2 „Und abgestreift den Erdensohn..."

Wenn man den Menschen mit technischen Mitteln verändert, verliert er einen Teil seiner menschlichen Natur. Das kann ein Problem sein. Wollen wir in ferner Zukunft Chimären auf diesem Planeten leben sehen, die sicher nicht mehr „nach dem Ebenbilde Gottes" geschaffen sind? Das könnten Wesen sein, die keine Aggressionen mehr kennen und deren Gefühle von allen sozialschädlichen Impulsen frei sind, weil ihre Psyche genetisch manipuliert wurde. Sind solche Wesen überhaupt noch Menschen? Müssen wir nicht damit aufhören, uns die Natur untertan zu machen und den technischen Fortschritt immer weiter auszudehnen? Wie McKibben schon eingangs zitiert wurde, ist es nicht einfach „genug"?

Jeremy Rifkin behauptet noch stärker, die Welt sei nicht dazu da, *unseren Interessen* zu dienen, sondern wir müssten uns andersherum den *Interessen des Kosmos* unterordnen und daher unseren Willen zur Macht aufgeben und die Heiligkeit der Natur respektieren.[212] Ähnlichen Gedanken verdankt sich nicht nur ein Teil der modernen Ökologiebewegung. Aus tiefem Misstrauen gegen die unnatürliche Welt der Moderne, suchen viele Menschen Zuflucht bei natürlicher Ernährung und alternativer Medizin. Gibt dieses Naturverständnis ein gutes Argument gegen eine Verbesserung des Menschen her? Als erstes soll gefragt werden, was überhaupt unter dem Begriff „Natur" zu verstehen ist. Dann wird untersucht, warum die Natur wertvoll an sich oder weise sein soll, so dass sie unseren Entscheidungen eine Richtung vorgeben kann. Dasselbe Verfahren wird danach für den Begriff der „menschlichen Natur" wiederholt. Dann soll gefragt werden, ob die Menschenrechte gefährdet sind, wenn die Natur des Menschen verändert wird. Zuletzt wird untersucht, was wir von der Natur lernen können und welche Rolle den weitverbreiteten Interessen an Natürlichkeit für die ethische Evaluation von Enhancement zukommt.

4.3 Die Suche nach der wahren Natur

Was ist also die Natur? Eine große Frage. Drei Bedeutungen möchte ich unterscheiden. Erstens sprechen wir oft von der „Natur der Dinge" und meinen damit „*das Wesen*" dieser Dinge. So ist es für uns die Natur der Sonne zu strahlen. Man unterstellt damit, dass es notwendig zu den Dingen gehörende, wesentliche Eigenschaften gibt, die man von den zufälligen und unwesentlichen unterscheiden kann. In dieser Theorie lebt das Erbe des Aristoteles weiter, der so etwas schon in der Antike vertreten hatte.[213] Allerdings lehrt die moderne Naturwissenschaft hier Skepsis, denn die Vorstellung eines festgefügten unveränderlichen Wesens von Mensch und Tier hat sich nicht bewährt.[214] Sie läuft der Evolutionstheorie entgegen.[215]

Es gibt jedoch eine Variante dieser Bedeutung, die auch heute noch wichtig ist. Was ist die Natur einer Art, also etwa des Menschen oder der Schildkröten? Häufig greifen wir bei der Antwort auf *typische Eigenschaften* einer Art zurück. Wenn man solche Eigenschaften sucht, um die Frage zu beantworten, verwendet man den Begriff der biologischen Art und der Zugehörigkeit zu einer Spezies als *Clusterbegriff*:

> Einer solchen Konzeption zufolge wäre eine Spezies eine Einheit, die aus einer stabilen, obwohl nicht zeitlosen Eigenschaftskonstellation besteht. (...) Dieser Speziesbegriff sieht gerade vor, dass beliebige einzelne Eigenschaften individueller Speziesangehöriger fehlen und mit der Zeit sogar bei einer ganzen Art verschwinden können.[216]

In sehr vielen Fällen meint „Natur" zweitens die *Dinge, die nicht künstlich von Menschen erzeugt wurden* und die wenigstens zum Teil von seinen Handlungen unabhängig sind. Darunter fallen dann etwa Bäume, Meere, Landschaften und Tiere. Allerdings ist es heute schon ein Problem, die in diesem Sinne natürlichen Dinge von den künstlichen zu unterscheiden. Machen wir das am Beispiel von Landschaften deutlich. Diese werden zwar umgangssprachlich fast immer als „Natur" bezeichnet, wie etwa in dem Satz: „Ich gehe noch etwas in der Natur spazieren." Aber die Bäume im Wald sind von Menschen gepflanzt worden (oft in Reihe und Glied) und sie dienen wirtschaftlichen Zwecken, ebenso wie die Weiden und Felder. Von den „natürlichen" Wäldern Europas ist schon lange nichts mehr zu sehen. Und so gibt es viele Beispiele, wo die Übergänge von Natur und Kultur verschwimmen. So auch etwa, wenn der *natürliche Tod* ins Spiel kommt, der bei den Debatten um die Sterbehilfe häufig herbeizitiert wird. Was ist aber am Tod eines Menschen auf der Intensivstation noch natürlich? Schon vor drei Jahren hatte Herr Lechner einen Herzinfarkt. Kein Wunder, wenn man an einer so viel befahrenen Straße wohnt wie er, zudem beruflich mit Chemikalien zu tun hat und auch noch 30 Kilo Übergewicht hat. War dieser Infarkt natürlich, obwohl er sich aus den

Eigenschaften unserer kulturellen Lebenswelt entwickelt hat? Dann wurde Herr Lechner wiederbelebt und operiert, zwei höchst unnatürliche Vorgänge. Drei Jahre später hat er nun einen neuen Infarkt. Er wird beatmet und liegt schon über eine Woche auf der Intensivstation, bis er schließlich stirbt. Wann fand nun der natürliche Tod von Lechner statt? War es der, den er letztlich gestorben ist? Wäre es der nach dem zweiten Infarkt gewesen, den er ohne die Intensivstation schon über eine Woche früher erlitten hätte? Oder war es der, den er ohne Wiederbelebung nach dem ersten Infarkt gestorben wäre? Oder schließlich der, den er schon mit 22 Jahren an Wundstarrkrampf gestorben wäre, wenn er dagegen keine Impfung erhalten hätte?

Die Grenzziehung ist ein echtes Problem. Aber den Begriff der Natur ganz aufgeben ist auch keine plausible Option. Das Weltall ist ein guter Kandidat für „echte Natur" und auf der Erde spielen vom Menschen erzeugte und natürliche Prozesse – auf oft undurchschaubare Weise – zusammen. Aber natürliche Prozesse sind wenigstens *graduell* vom Menschen unabhängig. So wächst auch der in Reih und Glied gepflanzte Baum nach seinem eigenen Wachstumsplan:

> Vielleicht sind bestimmte Ecken des tropischen Regenwaldes mehr oder weniger so, wie sie gewesen wären, wenn die Evolution den homo sapiens nicht hervorgebracht hätte. Im Unterschied dazu ist der Schwarzwald zum großen Teil das Ergebnis gezielter Anpflanzung. Trotzdem ist der Schwarzwald im relevanten Sinne natürlicher als der Potsdamer Platz.[217]

Die zweite Bedeutung gibt uns das an, was wir meistens als Natur bezeichnen. Warum wir die Natur positiv bewerten, wird bei dieser Bedeutung nicht mehr besonders klar.

Wer auf Basis dieses Naturbegriffs Normen ableiten möchte, muss sie aus reinen Fakten gewinnen. Das wäre ein klassisches Beispiel für den berühmten *naturalistischen Fehlschluss*. Der schottische Philosoph David Hume hat diesen Fehlschluss prägnant formuliert:

> In jedem Moralsystem, das mir bisher vorkam, habe ich immer bemerkt, dass der Verfasser eine Zeitlang in der gewöhnlichen Betrachtungsweise vorgeht, das Dasein Gottes feststellt oder Beobachtungen über menschliche Dinge vorbringt. Plötzlich werde ich damit überrascht, dass mir anstatt der üblichen Verbindungen von Worten mit ‚ist' und ‚ist nicht' kein Satz mehr begegnet, in dem sich nicht ein ‚sollte' oder ‚sollte nicht' fände. Dieser Wechsel vollzieht sich unmerklich, aber er ist von größter Wichtigkeit. Dies *sollte* oder *sollte nicht* drückt eine neue Beziehung oder Behauptung aus, muss also notwendigerweise beachtet und erklärt werden. Gleichzeitig muss ein Grund angegeben werden für etwas, das sonst ganz unbegreiflich scheint, nämlich dafür, wie diese neue Beziehung zurückgeführt werden kann auf andere, die von ihr ganz verschieden sind.[218]

Ein Beispiel für einen solchen Fehlschluss: Aus der natürlichen Tatsache, dass Frauen mit sechzig nicht mehr schwanger werden können (d. i. ein Sein) wird geschlossen, dass es ethisch falsch wäre, dieses Faktum zu beseitigen (d. i. ein Nicht-Sollen). Ein naturalistischer Fehlschluss liegt immer dort vor, wo davon wie etwas ist, *direkt* darauf geschlossen wird, wie etwas sein oder nicht sein soll. Das wäre auch der Fall, wenn ein konservativer Vater seinem Kind erklärt, dass es bei Tisch still zu sitzen hat, weil man das von je her so mache. Das reine Faktum, dass etwas schon viele Male praktiziert wurde, erlaubt es aber nicht, zur Norm überzugehen, dass es auch in Zukunft so gehandhabt werden solle.[219] Nur wenn man erklärt, wieso das bisherige Verhalten gut war, z. B. weil man dem Essen so eine spezielle Würde gibt, lässt sich die Lücke von Fakten zu Normen schließen. Es gibt also „Brücken" zwischen Sein und Sollen, insbesondere dann, wenn natürliche Dinge von uns *gewollt* werden, also Interessen erzeugen, denn Interessen zählen in fast jeder Ethik. Direkte Verbindungen zwischen Sein und Sollen, die sich solcher Brücken nicht bedienen, gibt es nicht: Man kann eine ethische Begründung nicht ersetzen, indem man sich nur auf eine natürliche Tatsache beruft.[220]

Aus puren Fakten lässt sich keine Norm begründen. Woher dann kommt der angebliche Wert der Natur? Nur die Tatsache, dass sie nicht von Menschen gemacht wurde, zeichnet sie nicht aus. Verständlicher wird die positive Wertung beispielsweise, wenn man *psychologisch* argumentiert: Wir haben uns an bestimmte Dinge gewöhnt, die wir deshalb für natürlich halten. Zwar handelt es sich hier nicht immer um „wirkliche", d. h. vom Menschen unberührte Natur, aber oft wird der Begriff *natürlich* mit dem Begriff *gewohnt* erklärt. Wir lassen uns nicht gerne überraschen. Allerdings sind die Grenzen der Analogie „gewöhnlich" und „natürlich" auffällig, denn vieles, an das wir uns gewöhnt haben, ist völlig unnatürlich, etwa unser Fernseher. Und dass lediglich unsere Gewohnheiten dem Natürlichen einen besonderen Wert verleihen, klingt merkwürdig. Viele meinen, der Wert der Natur stamme aus ihr selbst und nicht aus Gewohnheiten. Aber es ist immerhin spannend zu beobachten, dass wir etwa eine Tendenz haben, die gewohnten, natürlichen Risiken (etwa die natürliche radioaktive Strahlung) für weniger bedrohlich als künstliche Risiken (die Strahlung in der Umgebung eines Kraftwerks) zu halten. Ob es dafür vernünftige Gründe gibt, hat Sven Ove Hansson empirisch geprüft und zurückgewiesen.[221]

Eine weitere Erklärung für den Wert der Natur erhält man, wenn man an die Kräfte denkt, die sie geschaffen haben. Die Natur scheint Zwecken zu folgen und Ziele zu haben. Diese weisen für manche Philosophen auf einen *planenden Schöpfer* hin. Schon Thomas von Aquin meint, dass Zwecke in der Natur nur von einem Bewusstsein herrühren können, denn „das was kein Bewusstsein hat, tendiert in ein Ziel nur, wenn es von einem bewussten und intelligenten Wesen gelenkt wird, wie der Pfeil vom Schützen."[222] In diesem Sinne ist die Natur nicht nur nicht von Menschen gemacht, sondern verdankt sich etwa im Christentum der göttlichen Schöpfung. Das würde bedeuten, dass wir den Wert der Natur *religiös* erklären können, etwa so, dass sie als Schöpfung Gottes Respekt verdient und dass ihre Gesetze letztlich von Gott herrühren. Daher meint die katholische Kirche von Naturgesetzen auch Vorschriften ableiten zu können, die unser Leben regulieren, wenn sie etwa erklärt, dass homosexuelle Handlungen in keinem Fall zu billigen seien: „Sie verstoßen gegen das natürliche Gesetz, denn die Weitergabe des Lebens bleibt beim Geschlechtsakt ausgeschlossen."[223] Allerdings ist das keine Begründung eines Eigenwerts der Natur, denn es geht um Achtung für Gott, der „hinter" der Natur steht. Gott hat uns sozusagen zum Verwalter seiner Güter bestellt und wir schulden ihm Rechenschaft für diese. Unsere Pflichten bestehen unserem „Auftraggeber", aber nicht unmittelbar der verwalteten Sache gegenüber. Gäbe es Gott nicht, wäre die Natur, sofern sie trotzdem existieren würde, nicht wertvoll.

Eine andere Quelle unserer Wertschätzung der Natur stammt aus einer dritten Bedeutung des Begriffs. Demnach ging der Existenz der Menschheit ein *Paradies* voraus, eine umfassend gute Natur, die wir zerstört haben. Es ist das Buch Genesis, das solche Überlegungen mustergültig thematisiert. Viele durch die Romantik inspirierte Bewegungen haben diesen Faden fortgesponnen. Sie meinen, dass wir von unseren „Zivilisationskrankheiten" erlöst werden können, wenn wir zurück zur paradiesischen, heilen Natur finden. Sie verbinden die bestehende Kultur mit Entfremdung, Konkurrenz, Neid und sittlichem Niedergang. Die Natur bekommt hingegen Werte wie Freiheit und Unschuld zugesprochen. Alles was uns in unserer modernen Welt fehlt, sollen wir in der Natur finden können. So beschreiben etwa Vordenker der *New-Age-Philosophie* wie Ken Wilber die paradiesische Urnatur als das „goldene Zeitalter, in dem wir mit Tieren und Pflanzen eine Gemeinschaft bildeten" und eine „unbewusste Harmonie mit dem

Ganzen" hatten.[224] Und der deutsche Vordenker der Ökologiebewegung Rudolf Bahro schreibt:

> Wohin also konstituieren wir die Initiativkräfte für eine neue Struktur? (...)
> Dorthin, wo der Mensch sich mittels seiner eigenen Kultur selbst auseinander
> gerissen hat! Dorthin, wo sich Logos und Bios getrennt haben. (...) Genau dort,
> wo der Spalt aufgerissen ist, liegt die verlorene Ganzheit des Menschen. (...)
> Dieser Spalt muß weg.[225]

Die Anbindung an das Buch Genesis und zumindest eine spezifisch christliche Religion wird dabei schwächer und manchmal
etwa zugunsten buddhistischer Gedanken aufgegeben.

4.4 Was ist wertvoll an der Natur?

In diesem Abschnitt sollen weitere Gründe dafür kritisch untersucht
werden, der Natur in den gerade beleuchteten Bedeutungsfacetten
einen Eigenwert zuzuweisen. Zudem soll eine Erklärung für das Gefühl der Ehrfurcht für die Natur gesucht werden, die zeigt, dass
dieses Gefühl nicht auf einem Wert der Natur an sich basiert.

Wenn das positive Image, dessen sich „Natürlichkeit" bei uns
erfreut, vorrangig mit der gerade aufgezeigten zweiten und dritten
Bedeutung von Natur verbunden ist, können sich Bedenken einstellen. Eine religiöse Erklärung des Wertes der Natur hat viele
Schwächen. Weder begründet sie einen Eigenwert der Natur, noch
werden ihr nicht religiös eingestellte Menschen folgen können.
Wenn man die Autorität Gottes nicht anerkennt, wird sein Befehl,
die Schöpfung zu bewahren, nicht befolgt werden. Und auch die
Naturromantik der dritten Bedeutung ist etwas, das, mit den Augen
der Aufklärung betrachtet, keinen Bestand hat. Nur wenige möchten heute noch verteidigen, dass es einst ein Paradies gab und wir es
wieder finden können, wenn wir uns bemühen. Wenn wir uns das
„natürliche Gleichgewicht" anschauen, wo es noch ganz ohne
menschliche Einflüsse besteht, dann sehen wir kein Paradies. Nehmen wir zum Beispiel die Tiefe des Meeres oder den Urwald, beide
vom Menschen kaum besiedelt. Dort ist kein „Garten Eden" zu
finden, denn es gibt natürliche Katastrophen und Ungleichge-
wichte. Und das natürliche Gleichgewicht ist, wo es besteht, eines
von „fressen und gefressen werden": Würden sich Menschen derart blutrünstig und mitleidlos verhalten wie etwa die Tiere des
Dschungels, dann wäre das *ethisch skandalös*.

Die „Natur" erfüllt in der Naturromantik eher eine *psychologische Funktion*, nämlich all das auf den Begriff zu bringen, was man auf der Welt für fehlend hält. Zwar ist es hilfreich, Begriffe für die Frustration über die Welt zu haben, aber dass es jemals tatsächlich ein „goldenes Zeitalter" in Raum und Zeit gab, das zudem wiederhergestellt werden kann, das werden nur die wenigsten behaupten. Es wäre auch reine Spekulation und zwar eine gegen die heute sichtbaren Fakten.

Wenn wir die Natur insgesamt für an sich wertvoll erklären, dann müssen wir eventuell den gesamten *Fortschritt* des Menschen als Fehler einstufen, weil er Natur zerstört hat. Und das überzeugt nur wenige. Viele sind gerade stolz darauf, Dämme gegen die Flut gebaut zu haben. Genauso sind viele stolz, dass Menschen nicht mehr an den Krankheiten sterben müssen, welche die Natur für uns bereithält, sondern etwa Penicillin zu haben. All das sind Siege über die Natur, die über lange Jahrhunderte unser größter Feind, nicht unser Lehrmeister war. In diesem Sinne wehrte sich etwa Albert Schweitzer heftig gegen die Vorbildfunktion der Natur:

> Die Natur kennt keine Ehrfurcht vor dem Leben. Die Natur ist schön und großartig, von außen betrachtet, aber in ihrem Buch zu lesen ist schaurig. Und ihre Grausamkeit ist so sinnlos! Das kostbarste Leben wird dem niedersten geopfert.[226]

Ganz ähnlich äußert sich J. S. Mill. Er sagt über Schweitzer hinausgehend:

> Entweder ist es richtig, dass wir töten, weil die Natur tötet, martern, weil die Natur martert, verwüsten, weil die Natur verwüstet; oder wir haben bei unseren Handlungen überhaupt nicht danach zu fragen, was die Natur tut, sondern nur danach, was zu tun richtig ist.[227]

Es scheint, als würden viele die gnadenlose Härte der Natur nun auf einem Zivilisationsniveau vergessen, auf dem wir die Natur kaum noch wieder finden können. Das liegt daran, dass sie nicht mehr wissen, wie es war, einer mitleidslosen Gewalt ausgeliefert zu sein.

Einen Eigenwert der Natur abzulehnen, stimmt ganz mit der Hauptströmung der neuzeitlichen Ethik überein[228], die überwiegend der Meinung ist, dass nicht die Natur, sondern Interessen, Personen oder fühlende Lebewesen die Quelle ethischen Wertes und ethischer Pflichten sind. Neuzeitliche Ethiker begründen Rücksichtnahme mit dem Wohlergehen von Lebewesen, die etwas empfinden können. Die Grundintuition ist dabei die: Wir gehen allgemein davon aus, z. B. Steine nicht schädigen zu können, wohl aber empfindungsfähige Tiere. Irgendwo muss die moralische Verantwortung beginnen bzw. enden und der plausibelste Grenzpunkt ist die Fähigkeit etwas zu empfinden. Joel Feinberg bringt das auf den Punkt:

> Einem bloßen Ding kann man kein eigenes Wohlergehen zusprechen. Dies erklärt sich meines Erachtens daher, dass Dinge keine Strebungen kennen: keine bewussten Wünsche oder Hoffnungen, keine Regungen oder Triebe, keine verborgenen Neigungen oder natürliche Befriedigungen. Interessen müssen sich irgendwie aus Strebungen aufbauen; daher können Dinge keine Interessen haben. A fortiori haben sie kein Interesse daran, durch rechtliche oder moralische Normen geschützt zu werden. Ohne Interessen kann es für ein Wesen keine ‚Güter' geben, deren Bewahrung oder Erlangung man ihm schulden würde. Bloße Dinge sind nicht aus eigenem Recht wertvoll; ihr Wert resultiert vollständig aus der Tatsache, dass sie Gegenstand des Interesses anderer sind.[229]

Dinge und Lebensformen, die nicht empfinden können, kann man nicht *schädigen*, da sie kein Interesse daran haben, unversehrt zu bleiben. Es liegt ihnen nichts daran, ob sie existieren oder nicht. Die Natur, Ökosysteme oder Landschaften erhalten demnach keine ethischen Rechte an sich, sondern nur abgeleitet von den Interessen der empfindungsfähigen Lebewesen, die von ihrer Zerstörung betroffen würden. Der Bereich der Verantwortung wird nach Feinberg eingegrenzt. Er erstreckt sich nur auf Interessen bzw. Träger von Interessen, wobei diese mindestens über ein *Zentralnervensystem* verfügen müssen, das sichert, dass sie etwas empfinden können. Empfindungen ohne ein differenziertes Nervensystem sind aus naturwissenschaftlicher Sicht unmöglich.

Die Verteidiger einer an sich wertvollen Natur weisen dieser unabhängig von den Interessen der in ihr lebenden Wesen einen eigenständigen Wert zu.[230] In diesem Sinne resümiert auch Robert Spaemann:

> Nur wenn der Mensch heute die anthropozentristische Perspektive überschreitet und den Reichtum des Lebendigen als einen Wert an sich zu respektieren lernt, nur in einem wie immer begründeten religiösen Verhältnis zur Natur wird er imstande sein, auf lange Sicht die Basis für eine menschenwürdige Existenz des Menschen zu sichern.[231]

Dieses ökologische Denken baut auf einem *Gefühl der Ehrfurcht* auf, das Menschen der Natur gegenüber empfinden und wurzelt in einem religiösen Weltbild, in dem Natur und Menschen göttlichen Ursprungs sind und daher Respekt verdienen. Wenn wir ethische Normen so begründen, werden ihnen nur gläubige Menschen zustimmen können, da nicht jedermann an einen Gott glaubt.

Der Verteidiger einer heiligen Natur muss auch die unbelebte Natur, Ökosysteme und Landschaften mit ethischen Rechten versehen. Aber Rechte für Steine sind intuitiv absurd. Wenn man eine Art *Weltseele in der Natur* ausmachen will, dann kann man solche Vorstellungen einfacher begründen. Romantiker behandeln „die Natur" oft wie ein *Subjekt*, dem Bedürfnisse und daher auch ethische Rechte zukommen. Aber die Natur besitzt keine der subjektiven Eigenschaften, als da wären: Empfindungsfähigkeit, Selbstbewusstsein, Rationalität, Handlungsfähigkeit usw.. Die Natur als ein vollwertiges eigenständiges Subjekt zu sehen, ist nur in animistischen Weltbildern vertretbar, die sich heute nicht mehr vertreten lassen.

Auch der Bioethik-Rat des US-Präsidenten äußert, dass der Eigenwert der Natur religiöse Fundamente hat, aber er gehe gleichzeitig darüber hinaus. Der Rat spricht davon, dass es ein Fehler sei, die „Gegebenheit" der Welt nicht zu respektieren:

> Diese Gegebenheit anzuerkennen heißt zu erkennen, dass unsere Talente und Kräfte nicht nur Produkte unserer eigenen Taten sind, nicht ganz uns gehören. Es heißt ebenso erkennen, dass nicht alles in der Welt für eine beliebige, unseren Wünschen entsprechende Nutzung zur Verfügung steht. Solch eine Anerkennung der Gegebenheit des Lebens würde das Projekt des Prometheus begrenzen. Obwohl diese Anerkennung teilweise auf einer religiösen Sensibilität beruht, geht ihr Nachhall über die Religion hinaus.[232]

Was könnte mit diesem Nachhall gemeint sein? Leider sagt der Ethikrat dazu nichts. Aber trotzdem kann man versuchen, der Bemerkung Sinn zu geben. Offensichtlich fühlen auch viele nicht im klassischen Sinn religiöse Menschen die beschriebene *Ehrfurcht vor dem Gegebenen*. Sie sind skeptisch gegenüber Eingriffen in die natürliche Ordnung und vertrauen der „Weisheit der Natur". Wieso? Zum Beispiel weil die Natur ein über extrem lange Zeiträume optimiertes System ist: Was in der Natur vorkommt, passt zueinander, denn es wird seit Millionen Jahren aufeinander abgestimmt. Dagegen sind menschliche Eingriffe geradezu Blitzaktionen, Fremdkörper im austarierten Ganzen. Dieser Vorbehalt ist sehr vernünftig, ich werde ihn unten aufgreifen und als „Argument der Testgeschwindigkeit" behandeln (4.8).

Was könnte aber sonst noch eine *Quelle der Ehrfurcht* sein? Der Philosoph Ludwig Siep meint, an der Natur sei wertvoll, dass sie von uns unabhängig ist und über *vielfältige Formen und Arten* verfügt. Er meint auch, dass wir alle diesen Wert erfahren können.

> Dass in dieser (guten Welt, B.G.) eine Vielfalt von Formen und Individuen unterschiedlicher Art vorkommt, wird in aller Regel (…) – als positiv, als gut im Sinne des Billigens-, Erstrebens- und Erhaltenswerten angesehen.[233]

Daraus schließt er als Wertrealist[234], dass dieser allgemein geteilten Erfahrung auch ein echter Wert zugrunde liegen muss. Siep meint, die zufällige „Mannigfaltigkeit der Natur" gehöre zu einer guten Welt einfach dazu. Diese Idee leitet Siep aus zwei Quellen her:

1. Daraus, dass sie in den jüdisch-christlichen Traditionen oder im griechischen Begriff vom Kosmos, in der Literatur oder im Recht, bis hin zu modernen Artenschutzkonventionen verankert ist.[235]

2. Aus der Überzeugung, dass wir alle den Wert der natürlichen Mannigfaltigkeit erfahren haben und erfahren. „Es handelt sich um einen grundlegenden Aspekt der dem Menschen begegnenden Natur, den er positiv zu bewerten gelernt hat."[236]

Siep will nicht nur behaupten, dass Mannigfaltigkeit schön oder nützlich ist: „Anthropozentrische und pathozentrische Argumente reichen (...) für die Rechtfertigung des Wertes der *natürlichen* Mannigfaltigkeit nicht aus".[237] Siep spricht daher von einem „intrinsischen Wert"[238] der natürlichen Mannigfaltigkeit. Das nimmt er auch für die Werte der kulturellen Mannigfaltigkeit und der Natürlichkeit insgesamt in Anspruch.

Siep will die Natur nicht verklären. Er gesteht ausdrücklich zu, dass in der Natur auch Zerstörung, Kampf und Leid vorkommen.[239] Daher meint er auch nicht, dass Natur als solche heilig wäre. Der Mensch darf Natur weiter verändern und sich mit Technik gegen ihre Gefahren zur Wehr setzen. Dennoch meint Siep, dass ein *gewisses Maß* an Natürlichkeit, ihre ungeplanten Züge und ihre Vielfalt von allen Menschen als wertvoll erfahren werden und auf einen realen Wert hindeuten. Die Natur sei daher kein „für sich wertloses Material", sondern ein „wertvolles Erbstück". Menschen müssen immer gut begründen, wenn sie das verändern.[240]

Kann Sieps Konzept überzeugen? Um eine Antwort zu finden, müssen wir über *Werterfahrung* reden und leider fällt diese nicht so einheitlich aus wie Wertrealisten es annehmen. Was spricht dafür, dass „in aller Regel" Mannigfaltigkeit und Natürlichkeit als wertvolle Selbstzwecke positiv erfahren werden?

Auf den ersten Blick finden sich viele Gegenbeispiele, die zeigen, dass die von Siep angenommenen Werte die Realität nicht bestimmen, so dass man daran zweifeln kann, dass sie einheitlich wahrgenommen und geteilt werden: Es gibt auch ganz andere Werttraditionen als die von Siep hervorgehobene. So setzen viele Menschen spätestens seit der Neuzeit auf möglichst grenzenlose Macht über die Natur.[241] Und dieser Wille zur Macht prägt unsere technisierte Welt. Hat sich nicht genau diese Tradition heute durchgesetzt? De facto wird die Mannigfaltigkeit etwa der natürlichen Arten laufend verringert, es gibt ein Artensterben ohne Beispiel. So steht in einem Bericht des „Worldwatch Institute" zu lesen:

> Trotz der großen Wissenslücken ist es offensichtlich, dass die biologische Vielfalt (…) mit geradezu unerhörter Geschwindigkeit zusammenbricht. (…) Das Massenaussterben hat schon begonnen, und die Welt ist unwiederbringlich auf weitere Verluste festgelegt. Edward O. Wilson, Biologe an der Harvard-Universität, schätzt, jährlich seien mindestens 50.000 Arten von Wirbellosen – fast 140 täglich – durch die Zerstörung ihres Lebensraums im tropischen Regenwald zum Aussterben verurteilt. (…) Zudem findet die biologische Verarmung überall auf dem Globus statt.[242]

Und auch die kulturelle Mannigfaltigkeit nimmt ab, während die Welt globalisiert wird. Die „McDonaldisierung" der Welt spielt sich vor unseren Augen ab, als Zeichen dafür, dass die kapitalistische Leitkultur sich global durchsetzt. Es geht um Herrschaft über die Natur, auch wenn Vielfalt dadurch zerstört wird. Das hat sich in Recht und Geschichte durchgesetzt. Sonst könnten unsere natürliche Umwelt und speziell die Artenvielfalt nicht so – in der Geschichte beispiellos – bedroht sein, wie sie es derzeit sind. Der Natur einen Eigenwert geben, das wollen, dieser Analyse folgend, primär *intellektuelle Eliten*.

Natürlich kann man behaupten, die moralischen Werte wären eben nur schwer, nach einem besonderen *Training* wahrnehmbar[243], weshalb sie unsere Praxis nicht bestimmen würden. Aber das überzeugt nicht. Wäre das richtig, müsste man annehmen: Gegeben das richtige Training, werden die von Siep beschriebenen Werte von den Menschen erkannt und setzen sich in der Praxis durch. Dass aber Training dazu führt, dass sich unterschiedliche Wertüberzeugungen auflösen und nur eine Version als Konsens bestehen bleibt, lässt sich kaum beobachten. Man nehme den Fall der Diskussion in einem guten Universitätsseminar. Dort treffen sich gut informierte Menschen, an der Wahrheit interessiert, im Urteilen geübt, manchmal von konkretem Zeitdruck befreit und nicht von Fremdinteressen gesteuert. Sie „trainieren" sich mit scharfen Analysemitteln an guten Texten mit guten Lehrern. Aber die Praxis lehrt: Selbst unter solch weitgehend idealen Diskursbedingungen lässt sich in einem Seminar über Ethik kein Konsens erzielen, ob z.B. deontologische oder utilitaristische Meinungen richtig sind. Wenn man meint, hier sei eben nicht die richtige Art des Trainings angesprochen, dann wäre eine andere Methode zu benennen, die zu größerer Konvergenz führt. Dass es derartiges gibt, haben die Realisten bislang nirgends demonstriert.

Die Annahme, dass moralische Wahrnehmung eines besonderen Trainings bedarf, belegt eine bedeutsame Disanalogie zur sonstigen Erfahrung. Unsere „normalen" Wahrnehmungsurteile konvergieren quasi „automatisch". Unsere Werturteile konvergieren
jedoch weder spontan noch selbst nach „Training" signifikant. Das
demonstriert Disanalogien normaler und moralischer Wahrnehmung, die sich gut durch die unterschiedliche Realität des Wahrge-
nommenen erklären lassen. Ein Beispiel: Wenn man viele Menschen vor einen See stellt und sie fragt, was die Flüssigkeit im See
sei, werden wohl alle (wenn sie physiologisch und mental gesund
sind) ohne Probleme „Wasser" antworten. Wenn zwanzig Menschen die Hinrichtung von Saddam Hussein beobachten und man
sie fragt, ob diese gut oder schlecht sei, wird man vielleicht fünf
Meinungen vorfinden, die je auf vier Weisen begründet werden.
Gäbe es moralische Fakten und könnte man sie im Prinzip wahrnehmen, dann müssten in diesem Fall fast alle Beobachter einer
moralischen Sinnestäuschung unterliegen, damit ihre verschiedenen
Urteile erklärt werden können. *In manchen Varianten des moralischen Realismus droht die Sinnestäuschung zum Standardfall der
Wahrnehmung auszuufern.*

Auch *Artenschutzkonvention und andere internationale Ab-
kommen* drücken keinen Wertkonsens aus, wie Siep meint. Nehmen wir das Beispiel des Umweltgipfels in Rio de Janeiro 1992.
Dort wurden keine Wertkonsense, sondern Lippenbekenntnisse
verabschiedet. Die *Frankfurter Rundschau* berichtet über eine
Nachfolgekonferenz, die in Rio 2006 stattfand:

> Das Artensterben geht weiter. Basis der Konferenz, an der tausende Delegierte
> aus 173 Ländern teilnahmen, ist die „Konvention über Biologische Vielfalt",
> beschlossen 1992 auf einer UN-Konferenz für Umwelt und Entwicklung in Rio
> de Janeiro. Trotz der Konvention geht das Artensterben weiter. „Wir stehen am
> Rande der schlimmsten lobalen Krise seit dem Aussterben der Dinosaurier",
> sagte Konferenz-Vorsitzender Ahmed Djoghlaf. 60 000 der 360 000 bekannten
> Pflanzen gelten als gefährdet, ferner 16 000 Tierarten.[244]

Zudem scheint uns Sieps Position darauf festzulegen, dass wir den
Verlust früherer Mannigfaltigkeit bedauern müssten, wenn Mannigfaltigkeit wertvoll an sich ist. Aber es ist unplausibel zu behaupten, dass es häufig bedauert würde, dass es keine Säbelzahntiger
mehr gibt. Und unsere Bewunderung für fremde Kulturen hat
ebenfalls klare Grenzen, wie die Debatte um die multikulturelle
Gesellschaft gezeigt hat. Ein Blick auf das politische Wahlverhalten
unterstreicht das. Und wenn dennoch Toleranz für fremde Kul-

turen gefordert wird, geschieht das dann aus „staunender Bewunderung"[245] für das Andersartige? Oder akzeptiert man nicht das für
„falsch" gehaltene eher darum, weil man Konflikte vermeiden will?

Die von Siep stark gemachte Intuition, Natur und Mannigfaltigkeit hätten einen eigenen Wert, ist keineswegs selbstverständlich. Er geht auf Gegenbeispiele nur bei der Diskussion der
kulturellen Mannigfaltigkeit ein. Dort fragt er etwa: „Gehört
nicht der Missionsdrang zu den deutlichen Zeichen der Un-
fähigkeit der Menschen, mit der Pluralität von Meinungen, Wertungen, Normensystemen zu leben?" Den Einwand beantwortet
er so:

> In der ethischen und ästhetischen Bewertung setzt sich aber zumindest in der
> europäischen Neuzeit der ‚Primat der Mannigfaltigkeit' durch. Man kann die
> Stufen dieser Entwicklung im Groben skizzieren: Die Pluralisierung der
> Konfessionen und die Entwicklung der religiösen und politischen Toleranz, die
> Überwindung des Kolonialismus, das Ende des Rassismus (…). Pluralismus der
> individuellen Überzeugungen und Multikulturalismus der Gruppen gehören
> zu den wesentlichen faktischen und normativen Bestandteilen des modernen
> Staats.[246]

Dazu lässt sich einiges kritisch bemerken. Die von Hegel inspirierte Voraussetzung, dass das, was sich in Staat und Recht durchsetzt auch vernünftig und ethisch richtig ist, soll hier nicht diskutiert werden.[247] Aber ich glaube nicht, dass sich die von Siep beschriebenen Prozesse so erklären lassen, dass sie aus einer
Bewunderung von Mannigfaltigkeit und der Vielfalt von Kulturen
resultieren. Politische und religiöse Toleranz haben sich ebenso
wie das *Recht auf Religionsfreiheit* aus den blutigen Erfahrungen
mit *Religionskriegen* wie dem 30-jährigen Krieg gebildet. Es gab
einen starken Wunsch danach, dass der Friede und die wirtschaftliche Entwicklung nicht mehr durch weltanschauliche Engstirnig-
keit zerstört werden sollten. In Deutschland war weder die katholische noch die protestantische Seite mächtig genug, die von beiden
Parteien gewünschte Vorherrschaft durchzusetzen. So kam es zum
„Augsburger Religionsfrieden" von 1555, der in Deutschland ein
friedliches Zusammenleben der Religionen nach der Reformation
sicherte. Er kam aber erst nach vergeblichen Kämpfen zustande,
die Kaiser Karl V. gegen die protestantische Fürstenliga und Mo-
ritz von Sachsen und dessen Verbündete führte. Dieser Friede entstand aus einem Machtvakuum. Er hielt bis zum 30-jährigen Krieg
und wurde an dessen Ende erneut bestätigt, nicht aus Einsicht in
den Wert religiöser Vielfalt, sondern weil nach wie vor keine Seite
ihre Interessen durchsetzen konnte. Dass in Deutschland Jahrhun-

derte lang Religionsfreiheit herrschte, spiegelte den realen *Macht-pluralismus* wider.

Sieps These, dass wir kulturelle Mannigfaltigkeit positiv bewerten und dass das eine wesentliche Ursache für das Ende der Religionskriege oder auch des Kolonialismus und Rassismus war, wäre historisch konkret nachzuweisen. Jenseits der zuletzt zitierten Passagen verteidigt Siep seine Vorstellungen von Mannigfaltigkeit und Natürlichkeit noch weniger. So gibt er einige Beispiele für deren Wert, aber die meisten dieser Beispiele lassen sich aus menschlichen Nutzenkalkülen erklären. Nur an sehr wenigen Stellen werden Beispiele angeführt, die sich gar nicht auf einen Wert von Natur und Mannigfaltigkeit für Menschen und Tiere zurückführen lassen sollen. So etwa die folgende Stelle:

> Trotzdem sind wir geneigt, die Zerstörung einer vielgestaltigen Landschaft durch einen Meteoriten oder einen Vulkanausbruch als ‚Verlust' zu bewerten – und zwar auch unabhängig von dem Schaden für lebende Wesen.[248]

Allerdings muss Siep selbst unmittelbar danach zugestehen: „Es liegt nahe, diese Intuition als ein ästhetisches Urteil zu verstehen.", und d. h. die Intuition doch wieder durch einen ästhetischen Wert für Menschen zu begründen. Es reicht nicht zu beteuern, dass „wir" doch eine Intuition haben, dass die Natur an sich einen Wert habe. Weder haben alle Menschen solche Meinungen, noch kann man von geteilten Meinungen auf reale Werte schließen.

Aber erneut gefragt, *woher kommt das Gefühl der Ehrfurcht*, das manche Menschen vor der Natur empfinden, wenn nicht daher, dass sie sie einheitlich als wertvoll erfahren?

Viele Menschen sind religiös erzogen worden. Auch wenn viele von ihnen den Glauben an diese Religion verloren haben, gibt es *Relikte dieses Glaubens* in unseren Alltagsüberzeugungen. Die Philosophin Elisabeth Anscombe hat auf diesen Zusammenhang hingewiesen und John Mackie spricht von einem „Fortbestehen des Glaubens an so etwas wie ein göttliches Gesetz, nachdem der Glaube an einen göttlichen Gesetzgeber bereits gestorben ist."[249] Folgen wir einem Regelwerk, dessen Gesetzgeber vielleicht gar nicht existiert? Haben wir Respekt vor etwas „Gegebenen", weil wir immer noch das Gefühl haben, es sei „gottgegeben"? Jedenfalls treffen solche *psychologischen Erklärungen* bei vielen Gefühlen der Ehrfurcht vor dem Gegebenen etwas. Und wenn wir unsere Gefühle so erklären können, wird es weniger plausibel anzunehmen, dass diese Gefühle doch auf einen Eigenwert der Natur hinweisen, den unser Verstand übersieht.

Fazit: Einen Eigenwert der Natur gibt es nicht. Das heißt aber nicht, dass die Natur völlig wertlos wäre. Sie hat vielfältigen Wert, aber eben einen Wert für die fühlenden Lebewesen, die sie bevölkern. Ohne natürliche Ressourcen könnten wir nicht leben, weshalb die Natur sogar einen unverzichtbar großen Wert für uns hat. Weil wir von der Natur abhängig sind, müssen wir uns jeden Eingriff in dieses komplexe System gut überlegen.

4.5 Der Mensch: Von Natur aus künstlich?

Was ist die Natur des Menschen? Diese Frage lässt sich in einem ersten Anlauf beantworten, wenn man die typischen Eigenschaften des Menschen sucht, die nicht vollständig von ihm selbst hervorgebracht wurden. Die Frage nach der menschlichen Natur kann man heute nicht mehr beantworten, ohne ein Stück weit in die Biologie einzutauchen. Die Biologie beschreibt den Menschen als ein Wesen, das den Genen und der Umwelt verdankt, wie sich seine Eigenschaften ausprägen. Dabei werden das Verhältnis und die Relevanz dieser Faktoren unterschiedlich beschrieben. Es gibt einen Streit zwischen den Biologen, ob Gene oder Umwelt entscheidend für uns sind. Offenbar muss man diese Frage für jede Eigenschaft, wie Intelligenz und Körpergröße neu beantworten, was die Situation nicht erleichtert.

Angesichts dieser Komplexität müssen wir viele Differenzierungen außer Acht lassen, um eine halbwegs verwendbare Theorie der menschlichen Natur zu erhalten. Ein Konsens bei vielen Biologen scheint zu sein, dass die Umwelt soweit eine Rolle spielen kann, wie es die sogenannte *genetische Reaktionsnorm* zulässt. Was heißt das? Die Gene setzen den Rahmen, innerhalb dessen Merkmale verschiedenartig ausgebildet werden können. Es gibt eine genetisch festgelegte Spanne „von-bis", die den Menschen beispielsweise eine Körpergröße von 1,10 bis 2,70 erlaubt. Welche dieser Größen von einem Menschen erreicht wird, hängt von genetischen, aber auch von vielen anderen Faktoren wie etwa der Ernährung ab. Aber jenseits dieser genetisch fixierten Spanne sind keine Körpergrößen möglich. Gene determinieren nicht in welchem Grad eine Eigenschaft ausgeprägt wird, auch wenn sie eine „Neigung" für einen bestimmten Grad erzeugen.[250]

Ein Beispiel zum Wechselspiel von Genen und Lernen: Der Biologe Dierk Franck[251] untersuchte die Papageienarten agapornis fischeri und agapornis roseicollis. Beide Arten tragen auf verschiedene Weise Material zum Nistplatz. Fischeri nimmt es in den Schnabel, roseicollis schiebt es unter die hinteren Rückenfedern. Die Mischungen der Papageien sind nicht fähig, das Nistmaterial unter den Federn zu tragen. Sie versuchen es zwar immer wieder, es gelingt aber nicht. Sie lernen erst nach Jahren, das Material vorrangig im Schnabel zu tragen und die roseicollis-Bewegungen zu unterlassen. Die roseicollis-Art der Befestigung unterm Gefieder basiert auf einem dominanten Gen, die fischeri-Art des Transports im Schnabel auf einem rezessiven Gen. Gegen die dominante genetische Disposition müssen die Mischlinge der Papageien „umlernen". Das gelingt nur mühsam. Dieses Experiment verdeutlicht, wie viel Zeit und Energie ein Lernprozess gegen eine angeborene Neigung verbraucht.

Man kann die menschliche Natur fassen, indem man den *genetischen Teil des Menschen* isoliert und ihn zur „Natur des Menschen" erklärt. Das praktiziert etwa Francis Fukuyama in seinem Buch „Das Ende des Menschen":

> Die menschliche Natur ist die Summe von Verhaltensformen und Eigenschaften, die für die menschliche Gattung typisch sind, sie ergibt sich eher aus genetischen Umständen als aus Umweltfaktoren.[252]

Das ist plausibel, denn unsere Gene sind etwas, das wir zum großen Teil nicht selbst herstellen (zumindest noch nicht). Mit der Ausnahme, dass unsere Kultur die Auswahl mancher Gene mit beeinflusst: Sie bestimmt mit, was sich bei der Fortpflanzung durchsetzen kann und sorgt dafür, dass wir heute bestimmte Gene nicht mehr vorfinden. Aber es kann sein, dass man auf eine biologisch zu schmale Basis festgelegt ist, wenn man unsere Natur mit unseren Genen identifiziert. Gene bestimmen nicht all unsere biologischen Eigenschaften. So haben selbst eineiige, also genetisch identische Zwillinge nicht dieselben Fingerabdrücke. Es gibt Forschungen die belegen wollen, dass dieselbe DNA in derselben Zelle zu verschiedenen Zeiten ganz andere Rollen spielen kann. Damit versucht man nachzuweisen, dass die Funktion der DNA von deren Umwelt innerhalb der Zelle abhängig sein kann.[253] Dann wäre also die jeweilige biologische Zellumwelt, als etwas, was auch weitgehend von unserem Tun unabhängig ist, ein Teil unserer Natur. Andere Autoren meinen, dass es kaum oder sogar *gar keine spezifisch mensch-*

liche DNA gibt, da wir uns etwa von Schimpansen nur um ca. 1,5 Prozent genetisch unterscheiden und genetisch untereinander zu 99,9 Prozent identisch sind. Sollten in den minimalen Abweichungen Gründe für die riesigen Unterschiede zwischen zwei Menschen oder zwischen Mensch und Affe liegen?[254] Aber darüber zu streiten, ist Sache der Biologen. Unsere biologische menschliche Natur besteht jedenfalls *in den von unserem Handeln und Verhalten weitgehend unabhängigen biologischen Dispositionen*, ob sie genetischer, zellulärer oder anderer Art sind. Das kann man die „erste Natur" des Menschen nennen.

Diese erste Natur bedingt nun eine besondere Eigenschaft des Menschen, nämlich die, eine *zweite Natur* auszubilden. Diese umfasst eine große Liste von arttypischen Verhaltensmustern.[255] In diesen Mustern ist die natürliche Fähigkeit des Menschen enthalten, seine eigene Natur zu verändern. Diese Fähigkeit hat schon Aristoteles gekannt, der meinte, der Mensch sei ein „politisches Tier", also von Natur aus auf die Kultur angelegt: *Menschliche Natur besteht auch in der biologischen Anlage zur Kultur.* Seine Biologie drängt den Menschen dazu, sich zu bilden und Gesellschaften zu gründen. Eine Kultur zu schaffen bedeutet aber, dass biologische Neigungen und Eigenschaften verändert werden, soweit das biologisch möglich ist.[256] Demnach wäre die „menschliche Natur" – weder im Sinne der ersten noch der zweiten Natur – nichts was ein für alle Mal feststeht. Im Gegenteil, die zweite Natur setzt einen Impuls, die erste Natur zu überwinden. Zwar kann sich der Mensch nicht völlig von seiner Biologie befreien bzw. diese völlig umgestalten, weshalb sie Natur im Sinne des *primär* nicht vom Menschen beeinflussten bleibt, aber es gibt eine Tendenz dazu, dass Menschen selbst Hand an ihr natürliches Erbe legen. Davon zeugt das menschliche Verhalten in der Geschichte an vielen Orten, schon Ikarus wollte fliegen. So schreibt Dieter Birnbacher:

> Wenn der Mensch von Natur aus ein Kulturwesen ist, dann besteht die Natur des Menschen im umfassenden Sinn u. a. darin, seine biologische Natur fortwährend zu verändern. Die Chance, diese Natur direkter und gezielter mit technologischen Mitteln zu verändern, als es ihm in der bisherigen Geschichte der Menschheit möglich war, bedeutet keinen radikalen Bruch in der menschlichen Natur, sondern verstärkt lediglich eine in dieser angelegte Tendenz.[257]

Das steigert David Heyd noch einmal: „Der einzigartige Wert der Menschheit – ihre Würde – liegt in ihrer Macht zur Selbsttranszendenz, die sie befähigt, anders zu sein als das natürlich Gegebene."[258] Also muss man gar nicht sagen, dass der Wunsch nach Enhancement und der daraus resultierende Eingriff *wider* die menschliche Natur sind. Der Wunsch nach Perfektion ist in unserer Natur beheimatet und hat auch weite Teile unserer Kultur geprägt. Den damit verbundenen Fortschrittsdrang zu beschneiden, weil der Wunsch nach Verbesserung „unnatürlich" wäre, ist also ein falsches Argument. Und wenn man wie Heyd meint, in der „Selbsttranszendenz" liege der wahre Wert der Menschheit, dann sollte man diesen Drang eventuell überhaupt nicht beschneiden. Stimmt man Heyd aber nicht zu, kann man höchstens meinen, *beim Enhancement wende sich ein Teil der menschlichen Natur gegen andere Teile*, etwas auf Grundlage des gewordenen „Gemachtes" gegen das „Gewordene". Kann man diesen Streit schlichten, wenn man eine an sich wertvolle menschliche Natur annimmt? Gehen wir einmal um des Arguments willen davon aus, die menschliche Natur sei tatsächlich intrinsisch gut. Wie weit kommen wir damit?

Wenn die menschliche Natur konstitutiv aus einem Zusammenspiel von Gemachtem und Gewordenem besteht und wenn diese Natur an sich wertvoll ist, dann soll sie vielleicht auch in Zukunft aus einem solchen Zusammenspiel bestehen.[259] Das würde verbieten, dass Enhancement den gesamten Bereich des Gewordenen auflöst. Allerdings stehen völlig artifizielle Wesen, an denen nichts Gewordenes (außer der Tendenz sich selbst überwinden zu wollen) mehr zu finden ist, nicht auf dem Programm der Enhancer. Selbst Transhumanisten können nicht auf die gesamte biologische Basis des Menschen verzichten. Sie würden ihre Ziele nicht erreichen, wenn sie völlig artifizielle Wesen schaffen wollten. Das hängt u.a. damit zusammen, was es heißt, Präferenzen zu haben und zu erfüllen. Dieses soll noch diskutiert werden, wenn die Menschenrechte Thema werden (vgl. 4.7).[260]

Kann man aber über das geforderte Zusammenspiel hinaus noch sagen, wie die beiden Komponenten – Gewordenes/Gemachtes – zu gewichten sind? Wenn die menschliche Natur intrinsisch wertvoll ist, dann muss sie – zumindest prima facie – als solche erhalten bleiben. Sicherlich werden wir nicht jedes Wesen, das über die Fähigkeiten der zweiten Natur verfügt, einen Menschen nennen. Gewisse Bausteine der ersten Natur sind konstitutiv, um den Begriff „Mensch" anwenden zu können und damit für die Existenz der menschlichen Natur. Allerdings ist es ein Problem, diese Bausteine genau zu benennen, das wurde bereits am Beispiel der Gene verdeutlicht. Jedenfalls werden Grenzen von Enhancement sichtbar, wenn man annimmt, die menschliche Natur sei an sich wert-

voll. Wenn Enhancement die für Menschen konstitutiven Teile der
ersten Natur so stark verändert, dass man den Begriff des Menschen nicht mehr auf die verbesserten Wesen anwenden kann, ist
eine Grenze überschritten. Dann hört die menschliche Natur auf
zu existieren und das ist ein Verlust, wenn man meint, sie sei an
sich wertvoll.

Allerdings zeigt uns die intrinsisch wertvolle menschliche Natur
keine *genauen Grenzen* für Enhancement, bzw. die Gewichtung
von Gewordenem und Gemachtem. Aus ihr lässt sich nur ableiten,
dass ein Extremfall von Enhancement die menschliche Natur als
solche aufhebt, weshalb er zu vermeiden sei. Alles andere, wie Gewordenes und Gemachtes gewichtet werden sollen, kann nicht
durch den Verweis auf die Natur des Menschen entschieden werden. Hier sind Wertungen gefordert, die sich an anderen normati-
ven Ressourcen orientieren müssen.

4.6 Die menschliche Natur hat keinen Eigenwert

Gerade wurde hypothetisch die Prämisse akzeptiert, die menschliche Natur habe einen Eigenwert. Aber das soll nun bestritten
werden. Dass dies behauptet wird, wird nicht überraschen, nachdem was schon über den Wert der Natur im Allgemeinen gesagt
wurde. Es gibt natürliche Eigenschaften, an denen man ethische
Rechte mit guten Gründen festmachen kann, etwa dass wir Schmer-
zen empfinden können oder uns unserer selbst bewusst sind. Nur
dass diese Eigenschaften schon deshalb Wert haben, weil sie natürlich sind, ist nicht richtig. Man muss unabhängige Argumente dafür
vorbringen, dass sie wichtig sind.[261]

Die Verteidiger einer an sich wertvollen Natur behaupten oft
Ungereimtes. So zum Beispiel, wenn die katholische Kirche mit
einem „natürlichen Gesetz" argumentiert, aber sich sehr wohl aus-
sucht, welche untypischen Handlungen als „unnatürlich" angegrif-
fen werden. Sexuelle Handlungen an Tieren sollen unnatürlich
sein, Cembalospielen aber nicht, obwohl die meisten Menschen
weder geneigt sind, das eine noch das andere zu tun. Beide Dinge
sind gleichermaßen „unnormal" für Menschen:

> Vielleicht würde ein Naturrechtler entgegnen, diese Verhaltensweisen seien von
> mir in einer zu speziellen Weise definiert. Es gehöre durchaus zur Natur des
> Menschen, sich auf *irgendeine* Weise eben auch ästhetisch zu betätigen; die

spezielle Weise sei dabei den besonderen Anlagen des Individuums überlassen. Diese Entgegnung hilft dem Naturrechtler nicht aus der Klemme. Denn mit derselben Berechtigung kann man sagen, zur Natur des Menschen gehöre es, sich auf *irgendeine* Weise sexuell zu betätigen, die spezielle Weise der Betätigung aber sei dem Einzelnen überlassen.[262]

Norbert Hoerster folgert daraus, dass der (katholische) Naturrechtler gar nicht bereit sei, alle Handlungen, die „unnormal" sind, auch als „unnatürlich" zu verurteilen. Hoerster hat Recht. Und dieser Naturrechtler ist auch nicht bereit, alles eindeutig natürliche Verhalten gut zu nennen, denn in der menschlichen Natur gibt es so viel Bestialisches, dass das auch nicht in Frage käme. Alle Verteidiger einer an sich wertvollen menschlichen Natur stehen vor dem Problem, die „dunkle Seite" der menschlichen Natur (Kriminalität, Genozid usw.) von der „hellen Seite" abzugrenzen, denn die gesamte menschliche Natur kann man nur schwer als gut bezeichnen.[263] Das wird angesichts unterschiedlicher Bewertungen vieler menschlicher Eigenschaften keinesfalls unproblematisch. Jonathan Glover bringt es auf den Punkt, wenn er schreibt: „Die Frage sollte nicht sein, welche Eigenschaften den zentralen Kern der menschlichen Natur ausmachen, sondern welche zum Kern eines guten Lebens beitragen."[264] Damit ist aber die Entscheidung über gute Eigenschaften des Menschen an die sehr kontroverse Debatte darüber gekoppelt, was ein gutes Leben ist. Viele Naturrechtler stellen sich dieser Frage nicht und die Auswahl „natürlicher Eigenschaften", die getroffen wird, folgt häufig keinen rationalen Kriterien. Es geht dem Naturrechtler in Hoersters Beispiel dann darum, liebgewonnene Sitten durchzusetzen, die er nicht hinterfragen und stattdessen mit dem Anschein einer objektiven „Rechtfertigung" versehen will.[265] Ansonsten wurde bereits mit Joel Feinberg festgestellt, dass intrinsischer moralischer Wert an Interessen gekoppelt ist. Eine abstrakte Entität wie die menschliche Natur scheidet daher als Subjekt moralischer Rechte aus, es gibt kein Recht der Natur an sich, respektiert oder geachtet zu werden.

Allerdings könnte ein Enhancement mancher Teile unserer Natur Folgen für unser *Sozialgefüge* und für die *Begründbarkeit von Menschenrechten* haben. Hier wird nun nicht mehr auf den Eigenwert menschlicher Natur, sondern auf den *Wert für uns* abgezielt, den es haben soll, wenn man die Natur nicht verbessert. Es geht nicht mehr darum, dass einige menschliche Züge „natürlich" sind und deshalb geschützt werden sollten, sondern es geht darum, dass einige in der Natur des Menschen angelegte Aspekte nützlich für den Menschen sind. Deshalb sollte man sie vielleicht nicht verändern. Hier lässt sich nahtlos die Debatte um soziale Folgen von Verbesserungen anschließen. Solche Folgen gibt es viele; das wurde im 2. Kapitel diskutiert. Was noch nicht behandelt wurde ist, wie es sich auf die *Menschenrechte* auswirkt, wenn man die Natur verändert.

4.7 Menschenrechte in Gefahr?

Die menschliche Natur ist die Grundlage der Menschenrechte. Das heißt nicht, diese seien direkt aus der Natur ableitbar, das wäre ein naturalistischer Fehlschluss. Aber wir würden diese Rechte verändern müssen, wenn wichtige menschliche Eigenschaften und damit die *Bedürfnisse*, die aus ihnen stammen, verändert würden.[266] Vielleicht lässt uns das erkennen, dass Enhancement ein Fehler wäre. Was schätzen wir moralisch höher ein als die Menschenrechte? Wenn uns Enhancement zwingen könnte, diese enormen Errungenschaften in Frage zu stellen, dann kann Enhancement nur moralisch verwerflich sein – so das Argument. Es wird also vom erwiesenen Wert der Menschenrechte ausgegangen und eine unversehrte menschliche Natur wird als Fundament dieser Rechte verstanden.

Ein Beispiel für den Vorwurf, dass verbesserte Menschen andere als rechtlose Wesen behandeln könnten, geben George Annas und seine Mitautoren:

> Die neue Spezies der „Posthumanen" wird die alten ‚normalen' Menschen wahrscheinlich als minderwertig und geeignet für Sklaverei oder Vernichtung ansehen. Die Normalen, auf der anderen Seite, könnten die Posthumanen als Bedrohung ansehen und könnten einen präventiven Schlag zur Tötung der Posthumanen unternehmen, bevor sie selbst von diesen getötet oder versklavt werden. Es ist letztlich dieses vorhersagbare Potenzial für einen Genozid, das spezies-verändernde Experimente zu potentiellen Massenvernichtungswaffen und das die unzähligen genetischen Ingenieure zu potenziellen Bioterroristen macht.[267]

Das ist ein Beispiel für undifferenzierte Horrorvisionen, aber es bringt die Frage auf den Tisch, ob die Menschenrechte zerfallen, wenn die Menschen radikal ungleiche Fähigkeiten haben. Machen wir uns in einem ersten Schritt besser an einem unpolemischeren Beispiel klar, wie uns Enhancement zwingen könnte, unsere Menschenrechte zu verändern, d. h. ihre *Geltung* in Frage zu stellen.

Sodann werden wir in einem zweiten Schritt auf die Frage eingehen, ob in einer Welt mit verbesserten Menschen die Menschenrechte noch *durchsetzbar* wären. Gehen wir vom Menschenrecht
auf Nahrung aus. Würde unsere Natur so verändert, dass wir keine
Nahrung mehr brauchen, dann würde dieses Menschenrecht überflüssig. Allerdings wird am utopischen Charakter dieser Verbesserung deutlich: *Die Menschenrechte sind so elementar formuliert,*
dass auch kühne Veränderungen ihre Anwendung auf den Verän-
derten nicht ungültig machen würden: Dass die Menschenrechte
gelten, ist weder abhängig davon, *wie* intelligent jemand ist, noch
von bestimmten Charakterzügen, noch davon, ob jemand neue
Sinnesorgane von Fledermäusen erhält. Selbst wenn es einige Menschen gäbe, die sich nur von Sägespänen ernähren können, ihr
Recht auf Nahrung würde dadurch nicht berührt. Es ist so global
formuliert, dass es davon nicht betroffen ist, denn es gilt für alle
Menschen. Und selbst in solch extremen Fällen, hätten wir keine
Probleme, den Veränderten *als Menschen zu identifizieren*, der
eben einige erweiterte oder neue Eigenschaften hat. Immerhin ist
die Eigenschaft „menschlich" zu sein, nicht mal auf das „Homo
sapiens sein" beschränkt, es gab früher schon mehr als zehn
menschliche Spezies.[268] Schon wir heute lebenden Menschen unterscheiden uns in Vielem von unseren Vorfahren. Ein Wandel des
Menschen ist nichts Neues. Er hat uns bisher nicht das Problem
bereitet, unsere Vorfahren nicht mehr als Menschen bezeichnen zu
können.[269] In diesem Sinne schreibt auch Nicholas Agar:

> Verbesserer werden versuchen, Individuen in Existenz zu bringen, die dem Rest
> von uns in vielen Hinsichten ähneln, sie werden nur muskulöser oder smarter
> sein. Es ist kaum vorstellbar, dass Eltern in Zukunft Gen-Ingenieure bezahlen
> werden, um sie mit rationalen Oktopoden als Kindern auszustatten, aber wenn
> sie das wünschen, wird eine ethische Regel, welche die Eltern zwingt auf das
> Wohlergehen ihrer Kinder zu achten, ausreichen, um sie zu hindern, genetische
> Veränderungen dieser Art anzustreben.[270]

Also: Die Menschenrechte insgesamt wären in ihrer Geltung überhaupt erst von Veränderungen betroffen, die es unmöglich machen,
das veränderte Wesens als Mensch zu identifizieren und das setzt
eine Eingriffstiefe voraus, die illusorisch erscheint. Eine gute Zusammenfassung böte die folgende Replik von Bostrom auf Annas
et al., wenn er von „Geltung von Rechten und Gesetzen" und nicht
von „Wirksamkeit von Institutionen" sprechen würde:

> Die menschliche Gesellschaft ist immer in der Gefahr, dass einige Gruppen
> entscheiden, andere Gruppen von Menschen als Sklaven zu betrachten. Um
> solchen Tendenzen entgegenzuwirken, haben moderne Gesellschaften Gesetze

und Institutionen geschaffen. Die Wirksamkeit dieser Institutionen hängt nicht davon ab, dass alle Bürger die gleichen Fähigkeiten haben. Moderne, friedliche Gesellschaften beinhalten eine große Zahl von Menschen mit verminderten Fähigkeiten, gemeinsam mit anderen Leuten, die besonders kräftig, gesund oder intelligent sein können.[271]

Ein kurzer Exkurs zum Bericht *Beyond Therapy* des US-Ethikrats. Dieser behauptet, dass wir durch Enhancement unsere *Menschlichkeit* verspielen würden. Er meint, dass menschliche Taten frei, wissentlich und durch bewusste Wahlen erfolgen, die an einen gut arbeitenden Körper gebunden sind.[272] Für den Rat hat der Mensch eine menschliche Seele, in der Geist und Herz, Vernunft, Sprache, Intuition, Gedächtnis sowie Wünsche, Leidenschaften und Gefühle zusammenkommen.[273] All dies mache seine Menschlichkeit aus und die sei durch Verbesserungen gefährdet.

Diese Gefahren könnten verschiedene Formen annehmen, muss man ergänzen. So könnte befürchtet werden, menschliche Eigenschaften wären in Gefahr, durch „Verbesserungen" verloren zu gehen. Aber durch keine der bislang angesprochenen Verbesserungen würde auch nur eine dieser Eigenschaften wegfallen. Stattdessen geht es um ein besseres Gedächtnis, um mehr Verstand, um angenehmere Gefühle. Alle weiteren möglichen Gefahren können dann nur mit einer graduellen Verschiebung menschlicher Eigenschaften zu tun haben. Diese kann man erst diagnostizieren, wenn man festschreibt, *wie viel* Verstand und Gefühl menschlich sind. Aber hat ein Mensch nicht eben nur einen maximalen IQ von 150 und ist, was darüber hinausgeht, nicht unmenschlich? Der Einwand trägt nicht. Es könnte ein Ausbau von Menschlichkeit sein, typische menschliche Eigenschaften zu vergrößern und so Schranken der Natur zu überwinden. Solange wir verbesserte Menschen als menschliche Wesen erkennen, können wir sie auch als Menschen *anerkennen* und moralisch berücksichtigen, indem wir die Menschenrechte auf sie anwenden. Es bleibt – selbst bei transhumanistischen[274] Gedankenspielen – noch genug Menschliches übrig, um uns wechselseitig als Menschen zu identifizieren, womit wir die obige Konklusion wieder bestätigt haben.

Allerdings selbst wenn das nicht der Fall wäre und wirklich Wesen, die keine Menschen mehr sind, entstehen würden, wären durch Enhancement nicht automatisch alle elementaren Schutzrechte gefährdet: Als Utilitarist muss man die elementaren Schutzrechte nicht am Konzept der Menschenwürde[275] oder daran festmachen, welcher biologischen Art ein Wesen angehört, sondern man kann sie daran festmachen, ob Wesen *Personen* sind. Ob Wesen Personen sind, liegt in noch weniger und noch elementareren natürlichen Eigenschaften[276] begründet als ihr eventuelles Menschsein. Die meisten dieser Eigenschaften stehen auch bei den kühnsten Plänen für Verbesserungen nicht auf der Agenda dessen, was überwunden werden soll. Es würde auch einem *Selbstmord* des Einzelnen gleichkommen, wenn er sie auf diese Agenda setzen würde. Auch bei den verrücktesten Transhumanisten ist bislang noch nicht von *völlig* artifiziellen Wesen die Rede, die sich auch der natürlichen Eigenschaften entledigt haben, die das Personsein ermöglichen. Versucht man Enhancement so zu verstehen, dass völlig artifizielle Wesen erschaffen würden, würde der *Begriff „Verbesserung"* ins Leere laufen. Dieser ist in der Regel dadurch definiert, dass sich die *Präferenzen* der Veränderten durch einen Eingriff besser erfüllen. Es wurde etwas verbessert, wenn Betroffene danach glücklicher sind.[277] Es ist kaum vorstellbar, was deren Präferenzen sind und was Präferenzerfüllung für sie heißen soll, wenn man sich der natürlichen Grundlagen von (höherstufigen) Präferenzen, etwa des Selbstbewusstseins oder des Gedächtnisses entledigt. *Beseitigt Enhancement unsere gesamte Natur, dann wahrscheinlich auch unsere Präferenzen und das wäre fatal, weil man gar nicht mehr sagen könnte, was „verbessern" dann noch bedeutet.* Das heißt, dass Enhancement die Personenrechte keinesfalls durch Beseitigung von deren natürlichen Grundlagen auflösen könnte, wie es eventuell für die Menschenrechte befürchtet wird. Wenn verbesserte Wesen keine Menschen mehr wären, (was ich schon aus sozialen Gründen verboten hatte), dann würden die Menschenrechte auf sie nicht anwendbar sein. Nicht möglich ist, dass verbesserte Wesen keine Personen mehr sind und die Personenrechte daher auf sie gar nicht mehr zutreffen, denn diese Wesen könnte man gar nicht mehr als „verbesserte" (im selbst definierten Sinn s. o. 2.2) beschreiben. Einzelne Personenrechte, die nur an der physischen Konstitution von Personen hängen (etwa das Nahrungsbedürfnis), wären nach wie vor wenigstens logisch disponibel. Aber die strittigen Fragen nach der richtigen Basis für die elementaren Schutzrechte außer Acht gelassen: Alle bislang in der Literatur diskutierten Veränderungen würden – wie gesagt – selbst dann, wenn sie kühn sind, kaum zu einer Veränderung irgendwelcher Menschen- oder Personenrechte führen.

Selbst wenn doch der völlig unwahrscheinliche Fall einträte, dass einzelne Menschenrechte wegfallen würden, wäre das nicht notwendigerweise ein Übel: Nehmen wir den Fall, dass das Menschenrecht auf Nahrung aufgehoben würde. Fürchten müsste man das nicht, wenn sich die Bedürfnisse der Menschen änderten. Dann würde das, was bestimmte Menschenrechte heute schützen, vielleicht in Zukunft nicht mehr existieren. So könnten die heutigen Menschenrechte zwar in Zukunft missachtet werden, aber nur, weil sie inzwischen *überflüssig* geworden wären. Wozu ein Recht auf Nahrung, wenn diese nicht mehr benötigt wird? Warum die *heutigen* Menschenrechte wertvoll sein sollen, wenn in Zukunft veränderte Menschen existieren, die durch an ihre neue Natur angepasste Rechte geschützt werden, ist schwer zu begründen. Man kann höchstens bestimmte Bedürfnisse als *objektiv wertvoll* auszuweisen versuchen, sodass ihre Beseitigung auch dann ein Fehler wäre, wenn die Subjekte der Zukunft das nicht so empfänden. Hier unterscheiden sich objektivistische Ethiken von „interessenbasierten", die auf die subjektive Perspektive festgelegt sind. In dieser Arbeit gehe ich von subjektivistischen Modellen aus. Eine Analyse der Vor- und Nachteile dieser Modelle würde den Rahmen dieser Arbeit sprengen und wurde von mir anderen Orts begonnen.[278]

Allerdings könnte man das Thema durch ein ganz anderes Argument variieren, das zur Diskussion von Fragen der Durchsetzung überleitet: Wenn bestimmte Formen von radikalem Enhancement spezifischer Charakterzüge erlaubt wären, könnten die Menschen- (bzw. Personen-)rechte doch insgesamt unter eine Art von Druck geraten, die wir bedauern müssten. Zwar könnten sie abstrakt weiter „Geltung" beanspruchen, aber theoretisch proklamierte Geltung ist nichts wert, wenn die Menschen nicht gewillt sind, sie mit Leben zu füllen. Wenn man mit diesem Enhancement beispielsweise die *moralischen Gefühle* radikal zurückdrängen und den Egoismus radikal verstärken könnte, wäre es unwahrscheinlich, dass auf Dauer die Menschenrechte weiter ausgeübt werden würden. Wieso sollte man den machtlosen Menschen schützen, nur weil er ein Mensch oder eine Person ist? Solche Überlegungen könnten vollkommenen Egoisten in den Sinn kommen. Das könnte die Neigung verstärken, die elementarsten Schutzrechte einzuschränken. Vielleicht ist das Eingangszitat von Annas et al. in diesem Sinne als auf die Wirksamkeit der Menschenrechte und nicht auf ihre Geltung gerichtet zu interpretieren.

Hier beginnen wir erneut über soziale Folgen *radikalen Enhancements* zu diskutieren, etwa was das gesellschaftliche Klima und die Chancen zur Lösung von Konflikten angeht. Das hat Auswirkungen auf die Chancen der Menschenrechte realisiert zu werden, aber nicht auf ihre Geltung. *Radikale* Veränderungen geistiger Eigenschaften, wie die beschriebenen, lehne ich ab, primär aufgrund problematischer sozialer Folgen (vgl. 2.10). Damit ist der hier behandelte Einwand aber für meine Position nicht weiter relevant.

Welches *Fazit* können wir ziehen? Enhancement ist realistischerweise nur als eine *partielle* Veränderung der menschlichen Natur zu erwarten, die weiterhin erlaubt, verbesserte Wesen als Menschen zu identifizieren. Die Menschenrechte würden dadurch nicht gefährdet. Zudem ist zu überdenken, ob nicht Personen- statt Menschenrechte die eigentliche ethische Errungenschaft der Moderne sind. Dass aber Enhancement auch die Geltung der Personenrechte insgesamt in Frage stellt, wäre nur denkbar, wenn man sich der natürlichen Grundlagen des Personseins entledigt und dabei den Begriff der „Verbesserung" sinnlos macht. Ob der wegen seiner Eingriffstiefe sehr unwahrscheinliche Wegfall einzelner Menschenrechte ein Verlust wäre, wenn sie durch eine Veränderung der Bedürfnisse überflüssig würden, ist eine Frage, die nicht notwendig mit „ja" zu beantworten ist.

4.8 Was uns die Natur voraus hat

Es gibt Vieles, was uns die Natur voraushat – insbesondere die lange Zeit, über die hinweg sie einzelne Veränderungen „testen" kann. Weil wir nicht so viel Zeit haben, verlangen uns Eingriffe in die lange optimierten Prozesse der Natur eine besondere Vorsicht ab. Das ist ein gutes Argument dafür, der Natur Respekt zu zollen. Allerdings es ist kein gutes Argument dafür, Enhancement prinzipiell zu unterlassen.

Die Natur ist ein über lange Zeiträume „eingespieltes" System. Die Dinge in der Natur passen zueinander, was uns immer wieder in Erstaunen versetzt. Läuft die komplizierte Photosynthese der Pflanzen nicht so ab, als ob ein perfekter Baumeister sie geplant hätte? Diese perfekten „Kunstwerke" der Natur sind durch einen sehr langen Prozess von Versuch und Irrtum in der Evolution entstanden. Durch diese große zeitliche Dimension gewinnen die Naturprozesse eine eigene Qualität, d. h., sie funktionieren. Das macht sie für uns wertvoll, wo wir davon profitieren. Wie der Philosoph

Hans Jonas sagt, „tastet" die Natur in sehr kleinen Schritten und lässt sich dabei sehr viel Zeit, ganz anders als der Mensch:

> Das Großunternehmen der modernen Technologie, weder geduldig noch langsam, drängt die vielen winzigen Schritte der natürlichen Entwicklung in wenige kolossale zusammen und begibt sich damit des lebenssichernden Vorteils der tastenden Natur.[279]

Für Jonas geht der Mensch „aufs Ganze", während sich die Evolution kleiner tastender Schritte bedient. Ein gutes Beispiel ist die *grüne Gentechnik*. In der Landwirtschaft wird das Tempo der Evolution vervielfacht, indem man raffiniert züchtet. Und wenn man neue Gene in Pflanzen einfügt, steigert dies das Tempo noch einmal. Eine Züchtung, die früher zwanzig Jahre dauerte und die dabei zwanzig Jahre beobachtet und korrigiert werden konnte, ist nun sofort verfügbar.

Was Jonas sagt, ist sehr überzeugend. Alles, was sehr lange getestet und optimiert wurde, funktioniert besonders gut und sicher. Wir müssen gerade im komplizierten Feld der Gentechnik beachten, dass wir Risiken eingehen, wenn wir die Dinge beschleunigen. Allerdings hat die Natur eben nur „Tests" durchgeführt, die für den *Erfolg bei der Fortpflanzung* wichtig sind, denn das „Interesse" der Evolution ist darauf gerichtet, den Erfolg bei der Reproduktion zu maximieren. Uns Menschen interessieren aber eben auch andere Eigenschaften als die Anzahl der Nachkommen, so dass wir gar nicht umhin können, die natürlichen Tests zu ergänzen. Allerdings sollten wir besonders vorsichtig sein, in das filigrane Uhrwerk der Evolution einzugreifen. Wir sollten sehr genau planen, was wir tun, sollten Wechselwirkungen mit entfernten Systemen bedenken und uns mehr Zeit für Tests und Beobachtungen lassen, als es wirtschaftliche Zwänge oft erlauben. Jedoch: Wir haben nicht so viel Zeit wie die Evolution und können daher nicht auf diese Weise testen. Wollen wir das doch, dann müssen wir auf den technischen Fortschritt verzichten und das will fast niemand. Aber weil die Evolution eben „blind" über den Zufall abläuft, kann man in der Tat viele ihrer Teststufen überspringen, wenn man „sehen" kann. Zudem haben wir einfach ein anderes Ziel als „seid fruchtbar, wachset, mehret euch" und das ermöglicht es, ganz anders zu testen als die Natur. Jedoch ist eine besondere Vorsicht dabei geboten. Das ist die Lehre, die aus diesem „Argument der Testgeschwindigkeit" vernünftigerweise gezogen werden kann.

4.9 Grenzen des Perversen

Es mag für unnatürlich gehalten werden, Chimären in die Welt zu setzen, aber die Tatsache, dass etwas nicht natürlich ist, begründet nicht, weshalb es schlecht ist. Sind aber die starken Gefühle, dass etwa sichtbar veränderte Chimären unnatürlich und pervers sind, ohne Belang? Nein, denn diese Gefühle sind Ausdruck echter *Interessen* und diese Interessen selbst können manchmal die Lücke schließen, die uns bislang beschäftigt hat: Die Natur selbst hat keinen Eigenwert, aber unsere Interessen können „Natürlichkeit" bzw. das, was wir dafür halten, zum Wert machen. Das gilt zumindest dann, wenn man sich der Theorie des humanen Utilitarismus anschließt.

Es gibt viele Menschen, die wünschen, das zu bewahren, was sie für die „natürliche Ordnung" halten. Dabei kann es sich um ästhetische Vorlieben oder Gefühle des Ekels oder genereller um Ängste davor handeln, dass das Selbstverständliche zusammenbricht. Es kann eine generelle konservative Skepsis gegen das Neue und eine Vorliebe für das Vertraute vorherrschen. Jede Veränderung verursacht „psychische Kosten", man muss sich an neue Situationen anpassen. Es könnte befürchtet werden, dass der Mensch sich selbst überschätzt und sich anmaßt „Gott zu spielen". Es kann Ängste davor geben, dass der Fortschritt ständig vorangetrieben wird, weil er uns immer neue Risiken aufbürdet und unser Selbstverständnis in Frage stellt.[280] Diese Ängste äußern sich – am Beispiel des Klonens belegt – wie folgt:

> Die meisten Menschen empfinden einen instinktiven Widerwillen gegen das Klonen, weil sie spüren, dass das Klonen den Beginn eines Weges anzeigt, auf dem das ‚Geschenk des Lebens' sukzessive marginalisiert und schließlich ganz abgeschafft wird. Stattdessen wird der neue Nachwuchs zum ultimativen Shopping-Erlebnis – im Voraus entworfen, nach Spezifikation hergestellt und auf dem biologischen Marktplatz eingekauft. (...) Das Klonen des Menschen stellt den endgültigen Teufelspakt dar. In dem Wunsch, die Herren und Baumeister unserer eigenen Evolution zu werden, laufen wir die sehr reale Gefahr, unsere Humanität zu verlieren.[281]

Das meint zumindest Jeremy Rifkin. Andere begründen das psychologisch:

> Paul Bloom zeigt in ‚Descartes, Baby', wie viele unserer zivilisatorischen Ekelgefühle mit unseren evolutionären Grundkonstitutionen zusammenhängen. Wir fürchten uns nicht aus Zufall vor ‚Homunkuli', vor seelenlosen Körpern. In dieser Angst steckt ein genetisch und kulturell verankerter Abwehrreflex, der mit dem Umgang mit Leichen in unserer Vorgeschichte zu tun hat – tote Körper mußte man aus infektiösen Gründen aus der menschlichen Nähe entfernen.

Klone sind deshalb „Kassandras Baby", weil sie am inneren evolutionären Kern unseres Daseins rühren. (...) Unsere Abneigung gegen das Klonen ist eine Art ‚Würgereflex', ein tief greifender Ekel vor dem Ende der Evolution.[282]

Zwar beruhen manche dieser Ängste und Interessen auf dem schlecht begründeten Glauben, dass die Natur selbst einen Wert hat und dass Enhancement bzw. Klonen als solches unnatürlich sei. Das diskreditiert sie aber nicht per se. Es könnte sein, dass viele Menschen auch mit Interessen, die auf zweifelhaften Annahmen beruhen, besser leben als ohne sie. Dann bestünde für die Besitzer dieser Interessen kein zwingender Grund, sie aufzugeben. Interessen sind nur dann so „irrational", dass man sie beim moralischen Abwägen übergehen kann, wenn ihr Besitzer letztlich durch ihre Erfüllung frustriert wird.[283] Frustration wünscht kein Akteur und mit diesem Wunsch des Akteurs kann eine vernünftige Ethik es begründen, manche seiner Präferenzen als irrational zu übergehen. Der Utilitarist will schließlich das Glück vermehren, nicht die Frustration. Alles andere wäre überzogener *Paternalismus*. Was man aus einer Außenperspektive, etwa von der hohen Warte der Naturwissenschaft aus, von diesen Interessen hält, ist in diesem Kontext irrelevant. Das gilt zumindest für den humanen Utilitaristen: Solange es bei dem Besitzer von Interessen nicht für Frustration sorgt, wenn man sie erfüllt, vermehrt es prima facie das Glück, das zu tun. Also baut der humane Utilitarismus denjenigen, die Verbesserungen ablehnen, weil sie unnatürlich seien, eine goldene Brücke, während andere Ethiken[284] kein Verständnis für solche Präferenzen aufbringen.

Und man sollte sich auf diesem Gebiet auch nicht zu viel davon versprechen, Interessen durch Argumente aufzuklären. Das Unnatürliche bzw. das, was dafür gehalten wird, weckt oft starke ästhetische Gefühle, ganz unabhängig davon, welche Überzeugungen jemand sonst noch hat. Aber eine Ethik, die alle (im obigen Sinne aufgeklärten) Interessen von Individuen beachten will, muss auch diese ästhetischen Interessen ernstnehmen. Immerhin kann es manchen Menschen das gesamte Leben vergällen, wenn man ästhetische Interessen brüskiert. Wenn Menschen den Status quo also deutlich präferieren, dann ist das ein Argument gegen Verbesserungen. Und es gibt tatsächlich massive Ressentiments gegen eine Gesellschaft, in der es beispielsweise Eugenik gibt. Viele Menschen sehen hier den Weg in eine tabulos technisierte Welt beschritten. Weit verbreitete *Vorstellungen von Natürlichkeit und Selbstbilder von Menschen* werden durch praktiziertes „Enhancement" brüskiert.

Allerdings sind diese Interessen schätzungsweise nicht so stark wie die gegen Abtreibung oder Kindstötung, zumal Verbesserungen noch kaum diskutiert werden und sich daher dezidierte Interessen noch nicht überall ausbilden konnten.

Bedeutet das nun, dass quasi durch die Hintertür wieder eine rote Ampel auf dem Weg zum verbesserten Menschen aufgestellt wird? Die Antwort lautet: Teils, teils. Wenn „Natürlichkeit" nur über Interessen von Gegnern neuer Techniken Gewicht erhält, hängt dieses Gewicht von der Stärke dieser Interessen ab. Leider wissen wir über sie zu wenig, um sie quantifizieren zu können. Zudem verändern sich diese Interessen laufend, weil die Menschen neue Informationen erhalten. Gerade über Verbesserungen sind viele Menschen noch nicht informiert bzw. sind die Informationen selbst noch hoch spekulativ. Mit den Interessen der Gegner von Enhancement können wir also leider nur spekulativ umgehen. Jedenfalls wissen wir, dass es sie gibt. Falls erste Projekte aktuell werden, werden sich auch die informierten externen Präferenzen verfestigen, die dann gemessen werden müssen.[285] Ihre Stärke wird mit dem jeweils geplanten Verbesserungsprojekt variieren. Beim Gesundheitsenhancement werden beispielsweise viel weniger Einwände bestehen als beim Mentalenhancement, das ist unschwer aus den bekannten psychologischen Konstanten ableitbar. Zudem entscheiden die Interessen der Gegner natürlich *nicht allein* darüber, ob Eingriffe zulässig sind. Sie sind ein Gewicht, das auf die Waage der Vor- und Nachteile gelegt wird. Die Interessen der unbeteiligten Befürworter und derer, denen eventuell durch Verbesserungen geholfen wird, gehören ebenfalls auf die Waage. Letztere Interessen dürften oft intensiver sein als die Interessen der nicht direkt beteiligten Gegner, weshalb es sehr vieler und intensiver gegnerischer Interessen bedarf, damit diese deutlich ins Gewicht fallen.

Das Interesse an Natürlichkeit ist also keine rote Ampel für jede Art von Verbesserung, aber es ist sicher *ein Bremsfaktor*. Dieser kann sich bei manchen Projekten tatsächlich zur roten Ampel entwickeln. Wenn der Nutzen für verbesserte Menschen gering ist und wenn radikale Eingriffe große Aversionen auslösen, dann kann etwa der Plan, eine lebensfähige Chimäre von Mensch und Fledermaus zu erzeugen, um sich den Sinn für Magnetismus anzueignen, auch an „allgemeinem Ekel" vor solchen Wesen scheitern. Es wäre im Einzelfall zu ermitteln, wie stark bestimmte Vorhaben abgelehnt werden und wie stark sich dieses Gewicht auf der Waage der Vor- und Nachteile auswirkt. Allerdings dürfte der Protest deut-

lich kleiner werden, wenn *nur moderate Veränderungen* auf der
Agenda stehen und ein Auffangnetz gebaut wird.

Nach allem was wir bislang wissen können, werden Interessen
am Natürlichen sich insbesondere gegen radikale Verbesserungen
richten und da erstens gegen Veränderungen, die den menschlichen
Körper besonders deutlich sichtbar verfremden. Nimmt man die
unter dem Stichwort „extrem radikale Körperverbesserungen"
schon besprochenen sozialen Bedenken (Stichwort: „moral confusion", vgl. 2.9) hinzu, halte ich es für sehr fragwürdig, den Köper
unkenntlich machende Veränderungen zu schaffen. Daneben werden sich die stärksten externen Präferenzen zweitens gegen radikales Mentalenhancement richten. Aber auch dieses Projekt ist
schon aus anderen Gründen abgelehnt worden, sodass externen
Präferenzen insgesamt vorerst genügend Rechnung getragen sein
dürfte, wenn radikales Mentalenhancement und den Körper unkenntlich machendes Körperenhancement verboten werden.

5. Forever Young?

Kinder und ihre Erziehung, nicht
Wachstumshormone und fortwährendes Ersetzen von
Organen sind die Antwort des Lebens – und der
Weisheit – auf die Sterblichkeit.
– Leon Kass (2001, 24)

5.1 Tithonos

Weil er von einer ungemeinen Schönheit war und Eos ihn dereinst in einer Schlacht ersahe, entführte ihn selbige in Äthiopien und zeugte mit ihm den Memnon und Emalthion. Sie bat sich auch von den übrigen Göttern vor ihn aus, daß er nicht sterbe. Weil sie aber dabei vergaß, daß er auch in seiner jungen Kraft bleiben möchte, wurde er zuletzt so alt und schwach, daß man ihn von neuem in eine Wiege legen und wie ein klein Kind warten mußte, so daß er auch endlich die Eos selbst bat, zu verschaffen, daß er die Unsterblichkeit möchte ablegen können. Allein, da sie ihm solche Bitte nicht gewähren konnte, verwandelte sie ihn endlich in eine Heuschrecke, welche ihre alte Haut verändert und immer wieder jung wird, und hing ihn in einem Korbe also an die Luft. – Einige machen ihn nur zu einem bloßen Gedicht, unter welchem man entweder die Wollust hat vorstellen wollen, die bei dem Alter vergehe und nichts mehr als ein Reden von dem, was ehemals geschehen, übrig lasse, wie etwa die alten Soldaten und Venus-Brüder von ihren ehemaligen Taten gern zu plaudern pflegen, oder auch alte Leute überhaupt, welche, wenn sie nichts mehr verrichten können, dennoch ungemein wasch- und plauderhaft sind, und dahero gar wohl den Heuschrecken gleichen.[286]

5.2 Auch Methusalem war nicht unsterblich

Wissenschaftler arbeiten daran, nicht nur die durchschnittliche, sondern auch die maximale Lebenserwartung des Menschen (derzeit 120 Jahre) zu verlängern. Würmer konnten mit einer einzigen Genveränderung die sechsfache Lebenslänge erreichen. Auch bei Mäusen ist es bereits gelungen, die Lebensspanne mit einer Kombination von Genveränderungen und einer strengen Diät um bis zu 75 Prozent zu steigern.[287] Wenn diese Effekte auch nur zu einem kleinen Teil beim Menschen erzielbar wären, käme das einer Sensation gleich. Was wäre, wenn wir ein Durchschnittsalter von 120

Jahren erreichen könnten? Oder wenn wir bis zu 200 Jahren alt werden könnten? Der Phantasie sind wenig Grenzen gesetzt und so spricht der US-Ethikrat[288] hier von Forschungen, die sich dem uralten Traum von der *Unsterblichkeit* verschrieben haben. Anti-Aging sei eine „Opposition gegen den Tod als solchen".[289] Allerdings rückt dies die Anti-Aging-Forschung gleich ins Zwielicht und in die Nähe menschlicher Allmachtsphantasien, mit denen Frankensteins Monster von der Leinwand ins Leben geholt werden soll. Wer jedoch daran denkt, wie erheblich sich die durchschnittliche Lebenserwartung in den letzten hundert Jahren bei uns erhöht hat und wer das begrüßt, der kann eventuell auch die Anti-Aging-Forschung als Fortsetzung dieses Weges begrüßen.

Wenn man diese Forschung nüchtern beurteilt, erkennt man, dass es jedenfalls unsinnig ist, eine Debatte um Unsterblichkeit zu führen. Wir können auch noch sterben, wenn der Mechanismus des Alterns komplett gestoppt würde. Dann würde niemand mehr an den Folgen des Alterns selbst sterben. Aber die Menschen blieben sterblich[290], d.h. können durch Krankheiten, durch Unfälle, Hungersnöte, Naturkatastrophen und Kriege getötet werden. Über kurz oder lang würden sie diesen Faktoren zum Opfer fallen. Um also ewig zu leben, ist viel mehr nötig, als ein Stopp des Alterns. Daher ist es nicht sinnvoll, die Anti-Aging-Debatte als eine Debatte über Unsterblichkeit zu führen, denn letztere weist ganz andere Probleme als ein sehr langes Leben auf.[291]

Ein unsterblicher Mensch könnte sich in der Tat einer *unendlichen Langeweile* ausgesetzt sehen. Er könnte apathisch werden und jede Aktion mit einem „könnte ich auch morgen noch erledigen" vertagen. Aber jemand, der nur erheblich älter als bisher wird, hat nach wie vor eine zeitliche Grenze seines Lebens vor Augen. Zudem könnte er individuell nie wissen, ob er ein extremes Alter erreicht. Er könnte etwa zuvor einen Unfall haben. So muss er weiter in dem Bewusstsein leben, dass er nur das sicher erreicht, was er augenblicklich tut. Leben wäre auch für einen vergleichsweise sehr langlebigen Menschen immer noch ein „knappes Gut", das daher wertgeschätzt würde. Auch ein sehr lange lebender Mensch könnte einzelne Handlungen nicht beliebig häufig wiederholen und müsste sein Handeln daher sehr ernst nehmen. Und selbst wenn sich jemand tatsächlich sehr langweilt, könnte er selbst einen Schlussstrich unter sein Leben setzen.[292] Niemand wäre gezwungen, 200 Jahre alt zu werden. Wäre es daher nicht sinnvoll, eine solche Chance zu eröffnen, anstatt die Anti-Aging-Forschung nur als Gefahr zu sehen?

Walter Glannon fragt, ob man ein Interesse an Unsterblichkeit haben kann, da der heutige Herr Meier und der in der fernen Zukunft lebende Herr Meier vielleicht *keine gemeinsamen Erinnerungen haben* und daher nach bestimmten Theorien der personalen Identität nicht mehr dieselbe Person sind: „Es ist unwahrscheinlich, dass die Identität ein und derselben Person bewahrt bleibt, was sich durch eine verminderte psychologische Verbundenheit über eine sehr lange Zeitperiode begründet."[293] Auch dieses Argument macht aber wenn, dann nur im Rahmen einer Debatte um Unsterblichkeit Sinn, denn auch über einige Jahrhunderte hinweg kann man sich gut vorstellen, dass nicht demente Personen Erinnerungen an ihre „früheren Selbste" haben. Zudem wäre die Frage, ob Personen selbst dann, wenn sie keinen Grund hätten, ein sehr langes Leben *für sich* zu wünschen, nicht Gründe haben könnten, eine Zukunft mit langlebigen Subjekten zu wünschen. Die Personen können altruistisch sein und glückliche Wesen in der Zukunft begrüßen, deren Vorläufer sie selbst waren.[294] Und ein Utilitarismus, der Glückszuständen einen eigenen Wert zuspricht, kann einen Weltzustand mit sehr langlebigen glücklichen Individuen auch aus einer Außenperspektive[295] begrüßen. Wir würden lieber ein Universum mit lebenden, glücklichen Individuen erzeugen als eines ohne alles Leben. Das zeugt vom intrinsischen Wert des Glücks, unabhängig davon, wer es empfindet.

5.3 Mehr Selbstverwirklichung oder mehr Langeweile? Folgen für das Individuum

Ob das verlängerte Leben für den Einzelnen ein Gewinn sein wird, dürfte davon abhängen, wie genau es aussehen würde. Mehr Gebrechlichkeit und Demenz wären sicherlich kein Vorteil. Immerhin nimmt allein die Zahl derer, die an Demenz erkranken, von 5 Prozent bei den 70-Jährigen auf 50 Prozent bei den 90–100-Jährigen zu; in Berlin offenbarten Neunzigjährige bei einer Befragung, sie hätten am liebsten zwischen dem 65. und 70. Lebensjahr die Zeit angehalten.[296] An die Zwiespältigkeit des Alterns erinnert uns auch die griechische Legende vom trojanischen Königssohn Tithonos.

Spannender wäre es zu fragen, wie man ein verlängertes Leben beurteilen soll, *wenn man geistig und körperlich fit bliebe.* Was passiert, falls der häufig mit zunehmendem Alter verbundene geistige Verfall ausbleibt? Wenn also ältere Leute nicht häufiger als andere dement, unflexibel und weniger lernfähig wären? So spekuliert der britische Altersforscher David Gems, dass es vielleicht einen *biologisch programmierten Rollenwechsel* im Leben des Menschen gibt. Dies führe dazu, dass alte Menschen eine konservative Rolle einnehmen. Dann spekuliert er weiter, dass es vielleicht am wünschenswertesten wäre, wenn man die neurobiologische Grundlage dieses Wechsels manipulieren könnte. Dann könnte man sich aussuchen, in welchem geistigen Alter (dem von 20 oder 40 oder 60 Jahren) man eine Phase seines Lebens verbringen möchte.[297]

Wäre das technisch möglich, würden viele der häufig an die Wand gemalten individuellen und sozialen Folgen eines verlängerten Lebens nicht zu befürchten sein. Weder würden „lebenssatte" Individuen noch verkrustete und unkreative Gesellschaften notwendig. Und wenn man im hohen Alter immer noch arbeiten und sich sogar vielleicht noch fortpflanzen könnte, wären auch keine Gesellschaften ohne Nachwuchs und keine unbezahlbaren Rentnerheere oder „nationale Pflegeheime"[298] zu befürchten. Da hier der *Idealfall* von Enhancement betrachtet werden soll (d. h. wir erhalten was wir wollen und wer zweifelt, dass wir ein Altern ohne Verfall wollen) und weil konkrete Techniken auch viel zu ungewiss sind, um sich jetzt schon an ihren speziellen Problemen zu orientieren, werde ich primär von den geschilderten Hoffnungen von Gems ausgehen.

Dabei kann man verschiedene Modelle unterscheiden, wie ein sehr langes Leben erreicht werden könnte. Das Leben könnte wie ein Gummiband gedehnt und so gleichmäßig in all seinen Phasen (Jugend, Erwachsensein, Alter) verlängert werden. Weiterhin könnte jede Phase einzeln verlängert werden, während die anderen in ihrer Dimension erhalten bleiben. Das sind Modelle, in denen die maximale Lebensspanne vergrößert wird. Ein anderes Modell läge vor, wenn diese maximale Spanne unberührt bliebe, nur dass die letzte Phase des Lebens zugunsten der anderen verkürzt würde, sodass man bis ins hohe Alter fit bliebe und dann sehr schnell erkranken und sterben würde. Das lässt sich natürlich auch damit kombinieren, dass man die maximale Lebensspanne verlängert und gleichzeitig die letzte Phase des Lebens abkürzt.

Was wären die Vor- und Nachteile für den Einzelnen?

Zuerst einmal zu den Vorteilen: Schon Epikur verweist darauf, dass der Tod kein Übel sei, denn vor seinem Eintreten schädige er ein Individuum nicht und nach seinem Tod existiere kein Indivi-

duum mehr, das geschädigt werden könnte.[299] Aber ein längeres
Leben kann gleichwohl als Gut betrachtet werden, denn es bietet
mehr Möglichkeiten, Glück zu erfahren. Es gibt kein Argument,
das sicher belegt, dass wir nur für eine gewisse Zeitlang Glück erfahren könnten.[300] Zwar kann die Wahl des Achill Sinn machen
und ein kürzeres intensives Leben kann einem langen tristen Leben
vorzuziehen sein. Aber gleichwohl kann man nicht schließen, dass
die *Qualität* eines menschlichen Lebens grundsätzlich nicht von
seiner *Dauer* abhinge.[301] Es bedarf hinreichender Dauer, damit soziale Kontakte geknüpft, Projekte realisiert und Erfahrungen gemacht werden können. Deshalb halten wir auch den Tod eines jungen Menschen für besonders tragisch. Und solange Projekte und
die anderen gerade erwähnten Dinge für einen Menschen möglich
sind, ist nicht ersichtlich, warum ein solches Leben als nicht mehr
lebenswert empfunden werden könnte. So kann man mit Aristoteles im Regelfall vertreten: „Eine Schwalbe macht noch keinen
Frühling, und auch nicht ein einziger Tag; so macht auch ein einziger Tag oder eine kurze Zeit niemanden glücklich oder selig."[302]
Oder wie Christine Overall es formuliert:

> Viele Menschen, vielleicht die große Mehrheit, haben niemals die Chance, all
> ihre Potenziale als physische, emotionale, moralische und intellektuelle Wesen
> voll zu entfalten und auszudrücken. Ein verlängertes Leben würde zumindest
> einige dieser verpassten Chancen bieten.[303]

Nun zu möglichen Nachteilen einer deutlich verlängerten Lebensspanne:

1. *Langeweile, Apathie und Passivität* sehen Pessimisten voraus,
wenn wir eine Welt schaffen, in der man in Methusalems Alter jung
gestorben wäre. Sie glauben, die meisten Entscheidungen in einem
so langen Leben könnte man immer wieder rückgängig machen
und so hätten sie kaum noch große Bedeutung.[304] Bezieht das
Leben seinen Sinn und Wert nicht erst daraus, dass es eine klare
zeitliche Grenze hat? So referiert Wittwer, „dass wir der Begrenzt-
heit unserer Lebenszeit die Fähigkeit verdanken, Menschen, Erlebnisse, Dinge und Augenblicke zu schätzen und sie für bedeutsam
zu halten."[305] Und der Ethikrat ergänzt, dass das Leben für uns
seine Form verliere, wenn der *natürliche Lebenszyklus* manipuliert
werde.[306] Als Illustrator der befürchteten Leiden wird häufig Seneca zitiert:

> Wie lange noch dasselbe? Natürlich, ich werde erwachen, schlafen, hungern,
> essen, frieren, schwitzen. Keiner Sache Ende gibt es, sondern zu einem Kreis
> verbindet sich alles, flieht und verfolgt. Dem Tag folgt die Nacht, der Sommer

klingt in den Herbst aus, dem Herbst folgt der Winter, der wird vom Frühling überwältigt: alles geht in der Weise vorüber, daß es wiederkommt. Nichts Neues tue ich, nichts Neues sehe ich: es kommt einmal auch daran Ekel.[307]

Nun bezieht sich Senecas Klage nicht auf Enhancement, sondern auf seine und unsere *Gegenwart*. Und jeder, der sein derzeitiges Leben positiv sieht, würde Senecas melancholische Reflexionen nicht als richtige Analyse bezeichnen, wenngleich vielleicht jeder schon einmal Augenblicke gekannt hat, in denen ihm ähnlich zumute war. Warum sollte man Senecas unberechtigte Klage also für zutreffend halten, wenn man sie auf die Zukunft bezieht? Könnte sie da nicht genauso unberechtigt sein wie in der Gegenwart? Offensichtlich entscheidet sich am Charakter einer Person, ob sie skeptisch oder affirmativ zum Leben eingestellt ist, und nicht an der Länge der Zeitspanne, die von ihr bewertet wird. Damit ist Senecas Klage nicht als Einwand gegen Enhancement tauglich.[308]

Die anderen oben formulierten Einwände richten sich eigentlich gegen die Unsterblichkeit, von der auch Bernard Williams meint, sie wäre ein Übel.[309] Auch der Tod ist für Williams ein Übel und zwar genau solange, wie wir noch Wünsche für die Zukunft und Projekte haben, die er durchkreuzt. Gibt es solche Wünsche nicht mehr, wird ein weiteres Leben zur Qual. Gerade wenn man ein verlängertes Leben nicht als Schritt zum ewigen Leben versteht und annimmt, dass auch das geistige Altern angehalten werden könnte, erkennt man: Solche Wünsche und Projekte würden kaum alternde Menschen sehr lange verfolgen. Die neu gewonnene Zeit wäre ein Gewinn für sie. So wurden mehrheitlich auch jene Jahre begrüßt, die uns die Medizin im letzten Jahrhundert mit einer gestiegenen durchschnittlichen Lebenserwartung ermöglicht hat.

Zwar ist es sehr wohl möglich, dass uns ein *neuer Lebenszyklus* erst einmal irritiert. Das könnte jedoch auch dazu führen, dass man sein Leben ganz neu plant und anspruchsvollere Projekte erfindet. Jedenfalls kann man sich ausmalen, dass ein Leben erfüllt wäre, das 200 Jahre dauert. Man könnte zum Beispiel drei oder vier Berufe ausüben und studieren und zwar nach einem Gesamtplan geordnet. Dieser würde es einem ermöglichen, Grenzen und Chancen seines Selbst viel gründlicher als bislang zu erkunden. Verpasste Chancen könnten vielleicht später noch genutzt und die sozialen Nachteile, z. B. talentierter aber arm geborener Menschen, mit der Zeit immer besser ausgeglichen werden. Das ganze Leben würde

einige *Freiheitsgrade* mehr gewinnen, da viele Zwänge, die sich aus
den engen zeitlichen Grenzen des Lebens ergeben, wegfallen würden. Es geht also nicht um ein endloses „mehr desselben", wie
Leon Kass bemängelt, wenn er sagt, dass es für Don Juan auch
nicht darauf ankommen könne, ob er 1000 oder 1250 Frauen er-
obert habe.[310] Man kann sich gut ausmalen, dass man ein längeres
Leben ganz anders einteilen und nutzen könnte als ein „normales".[311] Die anthropologisch für unser Welt- und Selbstverständnis
wichtige Tatsache, dass das menschliche Leben in Lebensphasen
zerfällt[312], würde davon nicht berührt. Diese Phasen sähen eventuell anders aus als heute, aber auch das heutige Leben zerfällt aufgrund gestiegener Lebenserwartung in andere Phasen als das Leben
um 1600. Die heutige Phaseneinteilung für sakrosankt zu erklären,
wäre also nicht angebracht.

2. Es könnte vielen Menschen schwerer fallen, *den Tod zu akzeptieren*, wenn sie nicht durch eine Phase der Gebrechlichkeit, die
sie des Lebens „überdrüssig" werden lässt, auf den Tod zusteuern.[313] Das ist eventuell zu befürchten, aber auch nichts Neues,
denn junge Krebskranke stehen vor einer ähnlichen Situation.
Auch viele ältere Menschen sterben ohne eine vorhergehende Phase
des Verfalls, indem sie einfach eines Morgens nicht mehr aufwa-
chen. Allgemein gilt dies als „schöner Tod". Zudem weist Thomas
Nagel darauf hin, dass viele den Tod niemals als natürlich akzeptieren und ihn nicht in ihre Lebensperspektive integrieren:

> Des Menschen eigene Erfahrung schließt die Idee eines natürlichen Limits nicht
> ein. Seine Existenz wird für ihn durch eine mögliche Zukunft definiert, die
> essentiell ein offenes Ende hat. Er findet sich selbst als Subjekt eines Lebens, das
> eine unbestimmte und nicht essentiell limitierte Zukunft hat. Der Tod ist ein
> abruptes Ende von unbestimmt ausgedehnten positiven Gütern.[314]

Schon Sigmund Freud hat darauf aufmerksam gemacht, dass viele
Menschen nicht an ihren eigenen Tod glauben und unbewusst
meinen, sie seien unsterblich.[315] Die meisten Menschen würden
wahrscheinlich auch in Kauf nehmen, den Tod selbst bedroh-
licher zu finden, wenn sie den Torturen des Alterns dafür weniger stark ausgesetzt würden. Andererseits gibt es auch viele, die
den Tod selbst in Anlehnung an Epikur sowieso weniger fürchten, als die eventuell vorangehende Phase der Gebrechlichkeit
und Krankheit; und das wäre eine klare und plausible Gegenposi-
tion zu der hier gerade behandelten. Ein nicht akzeptierter Tod
ohne vorheriges Leiden, das ist ein Tausch, den viele gerne eingehen würden.

3. Aber ist mehr Zeit vielleicht gar nicht sinnvoll, weil es den Menschen mit diesem Manöver eigentlich nur darum geht, den Tod abzuwenden, ja zu *verdrängen?* Nach 200 Jahren Lebenszeit wäre es vielleicht auch nicht genug, die Menschen würden immer wieder verlängern wollen. Es komme darauf an, genügend Zeit für ein gelingendes Leben zu haben und dazu reiche das heute durchschnittliche Lebensalter in Industrienationen vollauf hin.[316] Zudem sei es auch psychologisch entlastend, wenn die Lebensspanne „schicksalhaft" vorgegeben sei – so mögliche Einwände.

Aber die Argumentation setzt zumindest voraus, dass auch nach 200 Jahren der Lebenswille noch ungebrochen ist, was die obige Befürchtung, dass nach 200 Jahren nur Langeweile und Apathie vorherrschten, in Frage stellt. Offenbar wird die Zeit, die ein gelingendes Leben währt, zu verschiedenen Zeiten und von verschiedenen Menschen unterschiedlich eingeschätzt. Die durchschnittliche Lebenserwartung von 55 Jahren hätte uns vielleicht vor ein paar hundert Jahren für ein gelingendes Leben ausgereicht, in Entwicklungsländern halten wir sie heute für skandalös. Sollte der Einzelne nicht selbst bestimmen, wie viel Zeit er für das Gelingen seines Lebens haben will? Kaum jemand müsste dann noch beklagen, dass er seine Chancen im Leben aus zeitlichen Gründen nicht nutzen konnte und so ein Leben führen musste, das er für verschwendet hält. Nehmen wir Britta, die sich in jungen Jahren nicht genügend von ihren Eltern emanzipieren konnte, um deren Wunsch abzulehnen, das elterliche Geschäft zu übernehmen. Später merkt sie dann, dass sie ihre eigentliche Neigung zur Kunst nie ausgelebt hat, aber nun ist es zu spät. Könnte sie drei Berufe ergreifen, hätte sie eine zweite und dritte Chance.

Weiterhin ist es sicher richtig, dass es entlastend wirkt, wenn der Tod „vom Schicksal" festgelegt wird. Das wird er jedoch auch dann noch, wenn Anti-Aging Realität ist. Das genaue Datum seines Todes kennt niemand und man kann, wie heute schon in der Medizin üblich, mit Anti-Aging nur die Chancen verbessern, das Datum weit hinauszuschieben.

4. Einige „biokonservative" Ethiker vertreten, dass ein verlängertes Leben *unnatürlich* sei und die Menschen von ihrem eigentlichen Ziel abbringe: Sinn könne man nicht in einem ewigen „mehr desselben", sondern nur in einer anderen Welt finden. Leon Kass schreibt, dass uns auch bei einem ewigen irdischen Leben Gottes Erlösung fehlen werde und dass das Streben nach Unsterblichkeit jetzt schon unser Glück gefährde, weil „es uns von den Zielen ent-

fernt, auf die unsere Seele natürlicherweise verweist".[317] Das lässt
Kass zu dem Appell gelangen: „Kinder und ihre Bildung, nicht
Hormone und beständige Organersetzung sind die Antworten des
Lebens und der Weisheit auf die Sterblichkeit."[318]

Das Argument basiert auf theologischen Überzeugungen, die
nicht von allen Menschen geteilt werden. Zudem ist das Natürliche
nicht immer das Gute, wie wir bereits gesehen haben. Und unsere
derzeitige Lebensspanne gehört nicht zur Natur des Menschen wie
Arthur Caplan betont:

> Altern existiert (…) als eine Konsequenz eines Mangels an evolutiver Vorhersicht:
> Es ist schlicht ein Nebenprodukt selektiver Kräfte, die darauf hinwirken, die
> Chancen für den Fortpflanzungserfolg zu erhöhen.[319]

Caplan spricht dem Alter jede weitere Funktion ab. Die Evolution
kümmere sich nicht um den Nutzen der Spezies und damit um die
sozialen Folgen einer alternden Gesellschaft, sondern darum, wie
sich der Einzelne am besten vermehren könne.

5.4 Die Gesellschaft der Zukunft: Eine Diktatur der Greise?

In was für einer Gesellschaft würden die Menschen leben, wenn
sich das Leben drastisch verlängern lässt?

1. Es werden überalterte und das heißt *verkrustete, innovationsfeindliche und unflexible Gesellschaften* befürchtet, wenn immer
mehr ältere Menschen leben. Aber es kommt darauf an, ob das
geistige Altern ebenfalls gestoppt werden kann. Ehe man nicht
genau weiß, *wie* unsere zukünftigen Senioren veranlagt sind, kann
man diese Folge nicht klar diskutieren. Allerdings dürfte eine Gesellschaft, die von sehr vielen geistig unflexiblen Menschen gebildet
wird, in der Tat einige Eigenschaften vermissen lassen, die wir
schätzen. Jedoch kann man nicht Gesellschaften insgesamt schaden, sondern nur Individuen. Daher wären vorrangig Schäden für
jüngere Menschen in solchen Gesellschaften zu diskutieren, die
sich mit ihren Ideen vielleicht nicht mehr durchsetzen könnten.
Für die älteren Menschen wäre es häufig freudvoll lange zu leben,
auch wenn sie einige ihrer jugendlichen Eigenschaften einbüßten.
Man kann mit Christine Overall die deontologisch inspirierte Frage
anschließen, ob die Älteren für das Wohl der Gesellschaft oder
konkreter für das der Jüngeren geopfert, d.h. instrumentalisiert
werden dürfen.[320] Andererseits lässt sich ein striktes Verbot auch

vollständiger Instrumentalisierung kaum begründen, es gibt Fälle, in denen wir auch diese Instrumentalisierungen begrüßen, etwa wenn wir Verbrecher inhaftieren.

Wer keine Hoffnung auf einen Stopp des geistigen Alterns setzt, kann immer noch meinen, es sei von Vorteil, wenn die Menschen älter werden könnten als heute. Allerdings sollten sie dann nicht beliebig alt werden, um dem Wandel der Generationen und der Innovation nicht im Weg zu stehen. John Harris diskutiert unter dem Etikett der *Generationsbereinigung*, ob es gut wäre, wenn Menschen nicht mehr einfach durch die Natur abberufen würden. Er fragt, ob es nicht möglich wäre, *dass eine Gesellschaft gemeinschaftlich entscheidet, wie alt die Menschen in ihr werden sollen* und ihre Medizin dann darauf ausrichtet.[321] In diesem Kontext könnte Friedrich Nietzsches Zarathustra ganz neu verstanden werden, wenn er lehrt: „Viele sterben zu spät, und Einige sterben zu früh. Noch klingt fremd die Lehre: ‚stirb zur rechten Zeit!'"[322] Allerdings sieht Harris bei der Umsetzung Probleme, denn man kann Menschen natürlich nicht töten. Allerdings würden sich andere Möglichkeiten anbieten: So könnte man zum Beispiel nicht alle verfügbaren Anti-Aging-Maßnahmen durchführen, sondern nur die, die bis zu der kollektiv angestrebten Lebensspanne hinführen. Ergänzend könnte man Therapien im Alter rationieren, um diesen Effekt zu erreichen.

2. Würde es in einer alternden Gesellschaft überhaupt noch viele junge Menschen geben? Würde auch die *Fähigkeit sich fortzupflanzen* beim Anti-Aging verlängert?[323] Wäre es reizvoll für die Älteren, sich so stark zu vermehren wie es Jüngere tun? Würde man immer wieder Kinder großziehen wollen oder würde es einem ausreichen, diese Erfahrung einige Male gemacht zu haben? Würde also ein verändertes Fortpflanzungsverhalten weiter dazu beitragen, dass die *Alterspyramide* in einer solchen Gesellschaft „auf der Spitze steht" oder nicht? Auch diese Fragen kann man erst klar diskutieren, wenn feststeht, auf welche Weise sich das Leben verlängern ließe. Allerdings ist es nicht per se moralisch bedenklich, wenn es kaum noch junge Menschen in einer Gesellschaft gibt. Wenn alte und junge Menschen gleichermaßen glücklich sein und das Funktionieren einer Gesellschaft im Interesse aller Individuen sichern können, ist es zumindest für den Utilitaristen gleichgültig, ob ältere oder jüngere dieses Glück erfahren.

3. Müsste jedoch die Konsequenz, dass in Zukunft nur noch wenige junge Menschen leben, nicht sogar durch eine *Geburten-*

kontrolle herbeigeführt werden? Die Welt kann nicht beliebig viele
Menschen beherbergen. Wenn es drastisch mehr alte Menschen auf
ihr gibt, müsste irgendwann beim Nachwuchs gebremst werden.
So müsste das *Individualrecht der freien Fortpflanzung* entweder
aufgehoben oder durch finanzielle Sanktionen bei Kinderreichtum
in der Ausübung erschwert werden. Das gehört noch zu den
problematischen individuellen Folgen von Anti-Aging und dieses
Problem ist gravierend. Anti-Aging ist nur dann verantwortbar,
wenn das Recht zur Fortpflanzung *nicht* aufgehoben wird. Das
kann damit verträglich sein, dass Eltern ab einer gewissen Kinder-
zahl Nachteile in Kauf nehmen müssen (das ist de facto in den letzten Jahrzehnten schon so gewesen). Gerade wenn wir heute vielen
Entwicklungsländern eine effektive Bevölkerungspolitik empfeh-
len, werden wir politische Steuerungen hier nicht gänzlich verwer-
fen. Es gilt dann, einen *Kompromiss* zwischen Jungen und Alten zu
finden, der eventuell beinhaltet, dass man nicht alle Anti-Aging-
Techniken ausschöpft und, wie oben beschrieben, einen geord-
neten Wechsel der Generationen beschließt, um jedem zu ermöglichen, dass er Kinder haben kann.

Man kann das Problem einer Geburtenkontrolle auch als eines
der *Gerechtigkeit zwischen den Generationen* formulieren. Haben
zukünftige Generationen ein Recht darauf, zu existieren?[324] Diese
Frage kann hier nicht ausdiskutiert werden. Allerdings könnte man
meinen, es sei gar nicht erwiesen, dass die Menge zukünftiger Lebewesen durch Anti-Aging verringert werde. Zwar würde die Ge-
nerationenfolge *langsamer* verlaufen, aber solange kein zeitlicher
Endpunkt für die Geburt neuer Menschen bestimmbar ist, könnte
Anti-Aging nur verschieben, dass neue Generationen entstehen.
Selbst der Zeitpunkt, zu dem die Erde in der Sonne verglüht, muss
keinen Schlussstrich bedeuten, wenn Menschen dann etwa andere
Planeten besiedeln.[325] Und wenn man meint, die Menschheit werde
schon die ökologischen Krisen dieses Jahrhunderts nicht überstehen, dann erübrigt sich die Debatte um Anti-Aging sowieso.

4. Es werden *Verteilungsprobleme* befürchtet, wenn man die
Option zur drastischen Lebensverlängerung schafft. Was passiert
mit dem, der sich diese Techniken nicht leisten kann? Wenn die
Menschen hier drastisch ungleich behandelt werden, dürfte das den
sozialen Frieden gefährden.[326] (Für alle Ethiken, die Gleichheit für
an sich wertvoll halten, dürfte sowieso klar sein, dass Ungleichheit
hier ein Fehler wäre.) Das Bewusstsein bald sterben zu müssen,
obwohl dies noch lange nicht notwendig wäre, würde viele Men-

schen in Aufruhr versetzen. Wenn man sein Leben auf 120 Jahre verlängern könnte und dennoch, ohne eine solche Verlängerung zu erhalten, im Alter von 75 Jahren stirbt, wird dieser Tod *psychologisch als viel gravierender empfunden*, als wenn man mit 75 ohne die Verlängerungsoption gestorben wäre. Im letzteren Fall hätte man diesen Tod viel eher akzeptiert, er wäre als unvermeidlich empfunden worden.[327]

Genauso, wie man im Gesundheitssystem keine riesigen Klassenunterschiede schaffen sollte, wären die auch bei einer drastisch gesteigerten Lebenserwartung unvorteilhaft. Und ein Staat, der will, dass es seinen Bürgern möglichst gut geht, sollte auch aus anderen Gründen als dem der sozialen Gerechtigkeit versuchen, in diesen Bereich zu investieren. Mehr Gesundheit, weniger Gebrechlichkeit und so auch Anti-Aging versprechen, das Glück der einzelnen Bürger besonders gut zu steigern. Das heißt, beim *sozialstaatlichen Anti-Aging für jedermann* wäre – gegeben die Technik schafft ein Alter mit großer Lebensqualität – die Nutzensumme deutlich größer als bei anderem sozialstaatlichen Enhancement für jedermann.

Das ist insbesondere der Fall, weil die im zweiten Kapitel zusammengefassten Probleme von Lösungen für jedermann hier nicht entstehen würden. *Skeptiker* würden durch ihr geringeres Alter im Wettbewerb zumindest nicht direkt benachteiligt. Einerseits könnten sie Probleme haben, Alteingesessene von ihren lange Zeit besetzten Posten zu vertreiben[328], andererseits wären sie wahrscheinlich doch noch leistungsfähiger als die Greise, was ihnen Vorteile verschaffen würde. Dass die Arbeitswelt ihre Vielfalt verlieren würde, ist nicht zu erwarten, denn die Vielfalt der Qualifikationen und Berufe würde durch das Altern allein nicht abnehmen. Die Kostenfrage wird noch behandelt. Eine Wettbewerbsmentalität ist mit Anti-Aging nicht verbunden, weshalb auch keine Komplizenschaft mit falschen sozialen Normen zu diagnostizieren ist. Die Vielfalt der Eigenschaften von Personen würde ebenfalls nicht verringert, wenn die Alten flexibel und mental fit bleiben. Zudem würde es nicht überbordend schwierig zu prognostizieren, wie eine Gesellschaft mit Anti-Aging aussehen würde, denn wir bewegen uns sowieso in diese Richtung und hätten Zeit, Folgen zu erkunden, bis die ersten Menschen durch Anti-Aging verbessert werden. *Also plädiere ich hier für zwei Pflichten des Staates: Wenn man drastisches Anti-Aging zulässt, dann sollte der Staat sich um eine sozialstaatliche Regelung für jedermann bemühen. Zudem sollte*

*ein Staat (prima facie) bemüht sein, solches Enhancement einzu-
führen.* Dabei sollte man auch gleich überlegen, ob und ab wann
Schutz für Jüngere erforderlich ist, der eventuell im Rahmen einer
Generationsbereinigung gedacht werden könnte.

Was ist aber, wenn sozialstaatliches Anti-Aging (oder auch solches Gesundheitsenhancement) für jedermann einfach *unbezahlbar*
ist? Hier sollte der humane Utilitarist in der Tat überlegen, ob eine
Freigabe des Marktes und ein damit verbundener „Durchsickereffekt" (vgl. 2.6) nicht die beste Lösung sind. Die Folgen für diejenigen, die sich Anti-Aging nicht leisten können, wären während
ihres Lebens nicht so, dass sie schlechter gestellt würden als in einer
Welt ohne Anti-Aging. Sie hätten (anders als bei radikalen Enhancement) keine Nachteile, außer einem stark verletzten Gerechtigkeits-
gefühl. Aber das allein sollte nicht dazu führen, eine „*leveling-
down*" *Strategie* zu befürworten, mit der man argumentiert, dass
die Reichen eine Option O nicht erhalten dürften, wenn die Armen
O nicht auch erhalten können. „Alle oder keiner", das ist eine Ein-
stellung, die erhebliche Nutzengewinne verhindern kann, wenn
herauskommt, dass dann eben keiner eine Wohltat erhält. „Alle
oder keiner" ist für den Utilitaristen und nicht nur für ihn selten
attraktiv und das ist auch für die Armen keine gute Aussicht, denn
so vereiteln sie, dass z. B. ihre Kinder aufgrund des „Durchsickeref-
fektes" später einmal von Anti-Aging profitieren können. Und anders als beim radikalen Enhancement sind auch die Folgen einer
„durchsickernden" Anti-Aging-Technologie durchweg positiv, da
die Probleme von Lösungen für jedermann (Skeptiker, Diversität
usw.) eben nicht auftreten werden.

Sozialstaatliches Anti-Aging dürfte auch innerhalb wohlha-
bender Staaten teuer zu Buche schlagen. Es könnte teurer werden,
je mehr in einem langen Leben auch die Zahl der Krankheiten und
die Höhe der Kosten für deren Behandlung steigt. Ob dies in der
Tat empirisch belegbar ist, ist umstritten. Es gibt die Meinung, dass
der Schwerpunkt der Kosten immer kurz vor dem Zeitpunkt des
Todes liegt, egal in welchem Alter der zu erwarten steht. Aber es
dürfte klar sein, dass in einer Lebenszeit von 200 Jahren die Kno-
chenbrüche und Zahnbehandlungen häufiger und komplizierter
werden als in einer Zeit von 80 Jahren. Also: Es wird den Staat teuer
kommen, wenn die Bürger sehr alt werden. Aber man kann, wenn
die alten Menschen vital bleiben, eine Gegenrechnung aufmachen:

5. Folgen für den *Arbeitsmarkt und die Rentenversicherung* sind
schwer überschaubar. Einige sehen in einer „alten" Gesellschaft

neben den Krankenkassen auch die Finanzierung der Rente zusammenbrechen, da die Zahl der Rentner und ihr Verhältnis zu dem der Erwerbstätigen problematisch werden könnte. Andere meinen, in Zeiten mit wenig Nachwuchs könne die Renten- und auch die Krankenkasse nur gefüllt werden, wenn die Lebensarbeitszeit länger werde. Das Problem der Zukunft heiße nicht Arbeitslosigkeit, sondern *Arbeitskräftemangel*. Daher könne Anti-Aging sogar für viele gesellschaftliche Probleme die Lösung bedeuten, wenn sich die Lebensarbeitszeit proportional zur Lebenserwartung erhöhe und so die Zahl der in die Kassen Einzahlenden wachse.[329] Zudem ist eine etwa in Chile und anderen Staaten schon realisierte Lösung eine Option. Dort werden die Menschen nicht mehr pauschal mit einem festen Alter verrentet, sondern der Zeitpunkt hängt von der individuellen Gesundheit und Fitness ab.[330] Auch so könnte man eine durchschnittlich verlängerte individuelle Fitness im Rentensystem auf gerechte Weise einbauen, was die Kosten senken würde.

6. Positiv wäre, dass *Langzeitfolgen*, etwa für die Ökologie, in einer älter werdenden Gesellschaft eher bedacht würden. Viel mehr Menschen könnten noch selbst erleben, was etwa der Klimawandel bedeutet. Der Egoismus würde der abstrakten Verantwortung für die Zukunft energisch zur Seite springen. Diesen Vorteil sollte man nicht unterschätzen, denn sehr viele politische Probleme resultieren aus mangelndem Willen, langfristige Folgen ernst zu nehmen. Der Kreis der Folgen, die einen selbst oder seine Kinder betreffen, würde in einer Gesellschaft mit wesentlich längerer Lebenserwartung drastisch ausgeweitet.

7. Héctor Wittwer befürchtet einen politischen Erdrutsch. Die Alten könnten die Interessen anderer Gruppen der Gesellschaft *politisch beherrschen*, wenn sie die Mehrheiten stellten. Wittwer spricht von einer drohenden *Gerontokratie*.[332] Selbstverständlich könnte derartiges drohen. Allerdings wird die Bedrohung sofort geringer, wenn das geistige Alter nicht mit dem körperlichen anstiege. Dann wäre auch in einer vergleichsweise alten Bevölkerung nicht automatisch die Reformfeindlichkeit mehrheitsfähig, was Wittwer befürchtet. Allerdings könnte es doch Interessen geben (etwa ab wann man mit welcher Rente in den Ruhestand darf), die alle älteren Bürger gemeinsam gegen die jüngeren haben und durchsetzen. Aber in der *Demokratie* ist es gewollt, dass die Mehrheit die Marschrichtung vorgibt, denn so wird oft die Befriedigung der Interessen maximal. Ein elementarer Schutz der Minderheiten darf dabei nicht fehlen. Aber es ist nicht zu erkennen, wieso mit

einer Mehrheit von Alten in einer Demokratie anders umgegangen werden sollte als mit anderen Mehrheiten wie zum Beispiel der des Bürgertums. Man müsste die Demokratie abschaffen, wollte man eine demokratische Dominanz der Alten auf jeden Fall verhindern, auf die wir vielleicht auch schon ohne Anti-Aging zusteuern. Das will man sicher nicht in Kauf nehmen. Immerhin, die Minderheit der Jungen wird zu einem großen Teil auch einmal in den Genuss kommen, die Rechte der Alten zu genießen, denn älter wird jeder, es sei denn, er stirbt vorzeitig.

Wenn die Technik ein Altern mit hoher Lebensqualität ermöglicht, dann wird dies ein Gewinn sein. Den Zugang zu dieser „goldenen Pforte" sozialstaatlich zu organisieren, halte ich für eine Aufgabe, der wir uns stellen sollten.

Epilog: Ein Blick in die Zukunft

Verbesserungen sind nicht nur Fluch und nicht nur Segen. Manchmal sind sie zu verbieten, manchmal zu fördern. Radikale Veränderungen von Intelligenz oder Fleiß könnten unsere gesamte Gesellschaft auf den Kopf stellen und den sozialen Frieden gefährden. Aber viele Optionen sind harmlos, manche versprechen uralten Geißeln der Menschheit wie dem qualvollen Altern ein Stück weit den Schrecken zu nehmen. Ich glaube, auch unseren Kindern gegenüber haben wir eine Pflicht, solche Techniken zu erforschen und einzusetzen.

Wird hier nicht McKibbens Appell vergessen, dass es einfach „genug" ist mit dem sich immer schneller drehenden Hamsterrad des technischen Erfolgs? Brauchen wir Enhancements wirklich? Haben wir nicht fast alles, was wir brauchen, schon? So einfach ist die Sache nicht. Es ist kein Gewinn, nur mit einer tief verwurzelten Technikfeindlichkeit hausieren zu gehen. Ob es wirklich „genug" mit dem Fortschritt ist, das zu entscheiden ist in einer liberalen modernen Gesellschaft Sache des Einzelnen, wenn dieser Fortschritt die Gesellschaft nicht massiv gefährdet. Jeder, der des Wettlaufs um Perfektion überdrüssig ist, muss aus diesem „Hamsterrad" aussteigen können. Niemand darf durch Gesetze oder soziale Umstände gezwungen werden, sich verbessern zu lassen. Das berücksichtigt die von mir verteidigte Position. Darüber hinaus muss es in einer freien Gesellschaft aber dem Einzelnen auch erlaubt sein, sich zu verbessern, wenn das höchstens ihm selbst schadet. Freiheit und Glück bedingen sich – an diesem Credo der Aufklärung halte ich fest. Das übersehen zivilisationskritische Statthalter der Romantik immer wieder. Ein zentral verordnetes „Genug" für alle Arten von Enhancement darf es nicht geben. Allerdings rechne ich damit, dass viele meiner Ergebnisse ergänzt werden müssen, denn bei unserem Thema wird moralphilosophisches Neuland vermessen.

Wichtig ist es, zu bedenken: Das ethisch Zulässige wurde hier weitgehend ideal, da von faktischen Möglichkeiten der Realisierung unabhängig betrachtet. Das ist um praktisches Wissen zu ergänzen, sobald dieses vorliegt. Für dieses Buch war es noch zu früh, diese Folgen schon einzuberechnen. Für politische Zwecke bedeutet das: *Eine am Ideal orientierte ethische Erlaubnis bestimmter Arten uns zu verbessern, ist kein politischer Blankoscheck.*

Ergebnisse

1. Erlaubt sind dem autonomen Menschen
   - Gesundheitsverbesserungen (Staatliche Pflicht (SP): Solche Verbesserungen herbeiführen und den Zugang sozialstaatlich organisieren)
   - Leicht einschätzbare (mal moderate, mal radikale) Körperverbesserungen
   - Schwer einschätzbare (oft radikale) Körperverbesserungen (kulturabhängig, nur mit Auffangnetz)
   - Kompensatorische Verbesserungen (SP: Dies allen unter einem bestimmten Durchschnittswert anbieten)
   - Moderate allgemeine Mentalverbesserung (falls definierbar und ohne Akkumulation möglich; nur mit Auffangnetz)
   - Moderate spezifische Mentalverbesserung (falls definierbar und ohne Akkumulation möglich; nur mit Auffangnetz)
   - Anti-Aging (SP: solches Enhancement herbeiführen und den Zugang sozialstaatlich organisieren, falls es die Lebensqualität steigert)

2. Verboten sind
   - Den Körper als menschlichen Körper unkenntlich machende Körperverbesserung
   - Radikale allgemeine Mentalverbesserung
   - Radikale spezifische Mentalverbesserung (Ausnahmen möglich)

3. Verbote und Gebote für Eingriffe an Kindern
   - Nur Optionen maßvoll erweiternde Eingriffe sind zulässig, die nicht unter 2. fallen
   - Eingriffe sind erst zulässig, wenn sie sich für Erwachsene empirisch nachweisbar bewährt haben
   - Ausnahme: Gesundheitsverbesserung und Anti-Aging (Pflicht für Eltern, diese Verbesserungen vornehmen zu lassen, wenn sie ohne große Nebenwirkungen möglich sind)

Literaturnachweise

Abbott, Alison (2005): Deep in Thought, in: *Nature* 436, S. 18–19.

Agar, Nicholas (2004): *Liberal Eugenics. In Defence of Human Enhancement*, Oxford: Blackwell.

Annas, George et al. (2002): Protecting the Endangered Human: Toward an International Treaty Prohibiting Cloning and Inheritable Alterations, in: *American Journal of Law and Medicine*, Vol. 28, No. 2&3.

Ansorge, Mark S. et al. (2004): Early-Life Blockade of the 5-HT Transporter Alters Emotional Behavior in Adult Mice, in: *Science* 306, S. 879–881.

Aristoteles (1970): *Metaphysik*, Hrsg. von Franz F. Schwarz, Stuttgart: Reclam.

Aristoteles (1972): *Die Nikomachische Ethik*, Hrsg. von Olof Gigon, München: dtv.

Bahro, Rudolf, (1987): *Logik der Rettung*, Stuttgart, Wien: Weitbrecht.

Baylis, Francoise, Robert, Jason S. (2004): The Inevitability Of Genetic Enhancement Technologies. in: *Bioethics*, Vol. 18, No. 1, S. 1–26.

Beardsley, Tim (2003): Mißbrauch einer Kurve, in: *Spektrum der Wissenschaft Spezial: Intelligenz*, Spezial-ND 5, S. 32–34.

Bentham, Jeremy (1970, 1789): *An Introduction to the Principles of Morals and Legislation*, hrsg. von John H. Burns und Herbert L. A. Hart, Oxford: Clarendon Press.

Birnbacher, Dieter (1988): *Verantwortung für zukünftige Generationen*, Stuttgart: Reclam.

Birnbacher, Dieter (1998): Aussichten eines Klons, in: Johann S. Ach et al. (Hrsg.): *Hello Dolly? Über das Klonen*, Frankfurt: Suhrkamp, S. 46–71.

Birnbacher, Dieter (2002): Habermas' ehrgeiziges Beweisziel – erreicht oder verfehlt?, in: *DZPhil*. 50, Heft 1, S. 121–126.

Birnbacher, Dieter (2006): *Natürlichkeit*, Berlin, New York: De Gruyter.

Bohnke, Ben-Alexander (1997): *Abschied von der Natur. Die Zukunft des Lebens ist Technik*, Düsseldorf: Metropolitan.

Bordo, Susan (1998): Braveheart, Babe and the Contemporary Body, in: Erik Parens (Hrsg.): *Enhancing Human Traits*, Washington: Georgetown University Press, S. 189–221.

Bostrom, Nick (2003): Human Genetic Enhancements: A Transhumanist Perspective, in: *Journal of Value Inquiry*, Vol. 37, No. 4, 493–506.

Bostrom, Nick (2005): In Defense of Posthuman Dignity, in: *Bioethics*, Vol. 19, No. 3, S. 202–214.

Bothe, Hans-Werner (1998): *Neurobionik. Zukunftsmedizin mit mikroelektronischen Implantaten*, Frankfurt: Umschau Buchverlag.

Brandt, Richard B. (1979): *A Theory Of The Right And The Good*, Oxford: Clarendon Press.

Brandt, Richard B. (1998): The Rational Criticism of Preferences, in: Christoph Fehige, Ulla Wessels (Hrsg.): *Preferences*, Berlin, New York: De Gruyter, S. 63–77.

Brock, Dan W. (1998): Enhancements of Human Function: Some Distinctions for Policymakers, in: Erik Parens (Hrsg.): *Enhancing Human Traits*, Washington: Georgetown University Press, S. 48–69.

Buchanan, Allen et al. (2000): *From Chance to Choice. Genetics & Justice,* Cambridge: University Press.

Callahan, Daniel (1998): *False Hopes: Why America's Quest for Perfect Health Is a Recipe for Failure*, New York: Simon & Schuster.

Caplan, Arthur (1992): *If I were a rich man could I buy a new pancreas?*, Bloomington: Indiana University Press.

Caplan, Arthur (2005): Death as an unnatural process. Why is it wrong to seek a cure for ageing?, in: *EMBO Reports* 6, S. 72–75.

Caplan, Arthur L., Engelhardt, Tristram jr., McCartney, James J. (Hrsg.), (1981): *Concepts of Health and Disease*, Reading MA: Addison-Wesley-Publishing-Company.

Cawthon R., et al., (2003): Association between telomere length in blood and mortality in people aged 60 years or older, in: *Lancet* (9355), S. 393–395.

Clausen, Jens (2006): Die 'Natur des Menschen': Geworden *und* gemacht. Anthropologisch-ethische Überlegungen zum Enhancement, in: *Zeitschrift für medizinische Ethik*, 52. Jahrg., Heft 4, S. 391–401.

Cole-Turner, Ronald (1998): Do Means Matter?, in: Erik Parens (Hrsg.), *Enhancing Human Traits*, Washington: Georgetown University Press, S. 151–161.

Davis, John, K. (2004): Collective Suttee, Is it Unjust to Develop Life Extension if It Will Not Be Possible to Provide It to Everyone?, in: *Annals of New York Academy of Sciences* 1019, S. 534–541.

DeGrazia, David (2005a): Enhancement Technologies and Human Identity, in: *Journal of Medicine and Philosophy* 30, S. 261–283.

DeGrazia, David (2005b): *Human identity and bioethics*, Cambridge: University Press.

Dillin, Andrew et al. (2002): Timing requirements for insulin/IGF-1 signaling in C. elegans, in: *Science* 298 (5594), 830–834.

Donoghue, John P. (2002): Connecting Cortex to Machines: Recent Advantages in Brain Interfaces, in: *Nature Reviews Neuroscience*, 5, S. 1085–1088.

Dworkin, Ronald (1984): *Bürgerrechte ernstgenommen*, Frankfurt: Suhrkamp.

Dworkin, Ronald (2002): *Sovereign Virtue*, Cambridge (Mass.): Harvard University Press.

Ekstrom, Laura W. (1993): A coherence theory of autonomy, in: *Philosophy and Phenomenological Research* 51, S. 599–616.

Elliott, Carl (1998): The Tyranny of Happiness: Ethics and Cosmetic Psychopharmacology, in: Erik Parens (Hrsg.): *Enhancing Human Traits*, Washington: Georgetown University Press, S. 177–188.

Epikur (1926): Brief an Menoeceus, in: *Epicurus: The Extant Remains*, Oxford: Clarendon.

European Group on Ethics, (EGE) (2005): Ethical aspects of ICT implants in the human body: opinion presented to the Commission by the European Group on Ethics, http://europa.eu.int/comm/european_group_ethics/index_en.htm.

Faden, Ruth R., Beauchamp Tom L., (1986): *A History and Theory of Informed Consent*, Oxford: University Press.

Farah, Martha J. (2002): Emerging ethical issues in neuroscience, in: *Nature Neuroscience*, Vol. 5, No. 11, S. 1123–1129.

Farah, Martha J. et al (2004): Neurocognitive Enhancement: What Can We Do and What Should We do?, in: *Nature Reviews Neuroscience*, 5, S. 421–425.

Fehige, Christoph, Wessels, Ulla (1998): Introduction to Possible Preferences, in: Christoph Fehige, Ulla Wessels (Hrsg.): *Preferences*, Berlin, New York: de Gruyter, S. 367–382.

Fehige, Christoph (1998): A Pareto Principle for Possible People, in: Christoph Fehige, Ulla Wessels (Hrsg.): *Preferences*, Berlin, New York: de Gruyter, S. 508–543.

Feinberg, Joel (1986, 1980): Die Rechte der Tiere und zukünftiger Generationen, in: Dieter Birnbacher (Hrsg.): *Ökologie und Ethik*, Stuttgart: Reclam, S. 140–179.

Franck, Dierk (1985): *Verhaltensbiologie*, Stuttgart, New York: Thieme.

Frankfurt, Harry G. (1988): *The importance of what we care about*, Cambridge: University Press.

Fuchs, Michael (2006): Biomedizin als Jungbrunnen? Zur ethischen Debatte über künftige Optionen der Verlangsamung des Alterns, in: *Zeitschrift für medizinische Ethik* 52, S. 355–366.

Fuchs, Michael et al. (2002): *drze Sachstandsbericht. Enhancement*, Bonn: drze.

Fukuyama, Francis (2004, 2002): *Das Ende des Menschen*, München: dtv.

Galton, Francis (1883): *Inquiries into human faculty and its development*, London: Macmillan.

Gardner, Howard (1999): *Intelligence Reframed. Multiple intelligences for the 21st century*, New York: Basic Books.

Gems, David, (2003): Is More Life Always Better?, in: *Hastings Center Report* 33, No. 4, S. 31–39.

Gesang, Bernward (2000): *Aktien oder Apokalypse – Wege aus der globalen Ökokrise*, Paderborn: Mentis.

Gesang, Bernward (2003): *Eine Verteidigung des Utilitarismus*, Stuttgart: Reclam.

Gethmann, Carl-Friedrich (2005): Visionen vom Altern. Phasenhaftigkeit und Identität menschlicher Existenz, in: *Die Politische Meinung*, 427, S. 33–41.

Gibbard, Allan (1990): *Wise Choices Apt Feelings. A Theory of Normative Judgment*, Oxford: Clarendon Press.

Glannon, Walter (2002): Identity, Prudential Concern, and Extended Lives, in: *Bioethics*, Vol. 16, S. 267–283.

Glover, Jonathan (1984): *What Sort of People Should There Be? Genetic Engineering, Brain Control And Their Impact On Our Future World*, Harmondsworth: Penguin Books.

Glover, Jonathan (2006): *Choosing Children. The ethical dilemmas of genetic intervention*, Oxford: University Press.

Gordijn, Bert (2004): *Medizinische Utopien*, Göttingen: Vandenhoeck & Ruprecht.

Gosepath, Stephan (1992): *Aufgeklärtes Eigeninteresse*, Frankfurt: Suhrkamp.

Gottfredson, Linda (1997): Why „g" Matters: The Complexity of Everyday Life, in: *Intelligence*, Vol. 24, No. 1, S. 79–132.

Gottfredson, Linda (2003): Der Generalfaktor der Intelligenz, in: *Spektrum der Wissenschaft Spezial: „Intelligenz"*, Spezial-ND S. 5, 24–30.

Griffin, James (1986): *Well-being*, Oxford: Clarendon Press.

Habermas, Jürgen (2002, 2001): *Die Zukunft der menschlichen Natur. Auf dem Weg zu einer liberalen Eugenik?*, Frankfurt: Suhrkamp.

Hansson, Sven, O. (2003), Are natural risks less dangerous than technological risks? in: *Philosophia naturalis*, 40, S. 43–54.

Hare, Richard M. (1990): Das mißgebildete Kind. Moralische Dilemmata für Ärzte und Eltern, in: Anton Leist (Hrsg.): *Um Leben und Tod*, Frankfurt: Suhrkamp, S. 374–383.

Harris, John (1998): *Clones, Genes and Immortality. Ethics and the Genetic Revolution*, Oxford: University Press.

Harris, John (2004): Immortal ethics, in: *Annals New York Academy of Sciences*, 1019, S. 527–534.

Harsanyi, John (1988): Problems with Act-Utilitarianism and with Malevolent Preferences, in: Nicholas Fotion, Douglas Seanor (Hrsg.): *Hare and his Critics*, Oxford: University Press, S. 89–100.

Heß, Dieter (1982, 1972): *Genetik*, Freiburg, Basel, Wien: Herder.

Heyd, David (2005): Die menschliche Natur: ein Oxymoron?, in: Kurt Bayertz (Hrsg.): *Die menschliche Natur. Welchen und wieviel Wert hat sie?*, Paderborn: Mentis, S. 52–72.

Hinsch, Wilfried (1996): Kausaltheorien des Guten, in: Christoph Hubig, Hans Poser (Hrsg.): *Cognitio humana- Dynamik des Wissens und der Werte*, Leipzig: Universität Leipzig, S. 148–155.

Hoerster, Norbert (1995, 1991): *Abtreibung im säkularen Staat. Argumente gegen den §218*, Frankfurt: Suhrkamp.

Hoerster, Norbert (2002): *Ethik des Embryonenschutzes. Ein rechtsphilosophischer Essay*, Stuttgart: Reclam.

Hoerster, Norbert (2003): *Ethik und Interesse*, Stuttgart: Reclam.

Holmes, Michael et al. (2005): Highly efficient endogenous human gene correction using designed zinc-finger nucleases, in: *Nature* 435, S. 646–651.

Horrobin, Steven (2006): Immortality, Human Nature, The Value Of Life And The Value Of Life Extension, in: *Bioethics* 20, S. 279–292.

Hudson, James (2000): What Kinds of People Should we Create?, in: *Journal of Applied Philosophy*, Vol. 17, No. 2, S. 131–144.

Hume, David (1978): *Ein Traktat über die menschliche Natur*, Bd. 2, Hrsg. von Reinhardt Brandt, Hamburg: Meiner.

Huxley, Aldous (2003, 1981): *Schöne neue Welt*, Frankfurt: Fischer.

Jonas, Hans (1979): *Das Prinzip Verantwortung,* Frankfurt: Suhrkamp.

Juengst, Erik (1998): What Does Enhancement Mean?, in: Erik Parens (Hrsg.): *Enhancing Human Traits,* Washington: Georgetown University Press, S. 29–47.

Juengst, Erik et al. (2003): Anti-aging medicine, and the challenges of human enhancement, in: *Hastings Center Report* 33, 4, S. 21–30.

Kafka, Franz (1970): *Franz Kafka. Sämtliche Erzählungen*. Hrsg. von Paul Raabe. Frankfurt, Hamburg: Fischer.

Kamm, Frances (2005): Is there a problem with enhancement?, in: *The American Journal of Bioethics*, 5 (3), 5–14.

Kass, Leon, R. (2001): L'Chaim and its Limits: Why not immortality?, in: *First Things*, 113, 17–14.

Kelly, Paul (1990): *Utilitarianism and Distributive Justice*, Oxford: University Press.

Kitcher, Phillip (1998): *Genetik und Ethik. Die Revolution der Humangenetik und ihre Folgen*, München: Luchterhand.

Kollek, Regine (1998): Klonen ist Klonen – oder nicht?, in: Johann S. Ach et al. (Hrsg.): *Hello Dolly? Über das Klonen*, Frankfurt: Suhrkamp.

Kollek, Regine (2002, 2000): *Präimplantationsdiagnostik*, Tübingen, Basel: Franke.

Kramer, Peter D. (1994): *Listening to Prozac*, London: Penguin.

Kröner, Hans-Peter (1997): Von der Eugenik zum genetischen Screening: Zur Geschichte der Humangenetik in Deutschland, in: Franz Petermann et al. (Hrsg.): *Perspektiven der Humangenetik*, Paderborn: Mentis, S. 23–48.

Kusser, Anna (1989): *Dimensionen der Kritik von Wünschen*, Frankfurt: athenäum.

Kusser, Anna (1998): Rational by Shock: A Reply to Brandt, in: Christoph Fehige, Ulla Wessels (Hrsg.): *Preferences*, Berlin, New York: De Gruyter, S. 78–87.

Lenk, Christian (2002): *Therapie und Enhancement*, Münster: Lit.

Lewontin, Richard C. (1992): *The Doctrine of DNA: Biology as Ideology*, New York: Harper/Collins.

Little, Margret L. (1998): Cosmetic Surgery, Suspect Norms, and the Ethics of Complicity, in: Erik Parens (Hrsg.), *Enhancing Human Traits*, Washington: Georgetown University Press, S. 162–176.

Mackie, John L. (1992, 1981): *Ethik*, Stuttgart: Reclam.

Maguire, Gerald, McGee, Ellen M. (1999): Implantable Brain Chips? Time for Debate, in: *The Hastings Centre Report*, Vol. 29, S. 7–13.

McKibben, Bill (2003): *Enough. Staying human in an Engineered Age,* New York: Henry Holt and Company.

McNaughton, David (1992, 1988): *Moral Vision*, Oxford: Blackwell.

Mill, John S. (1980): Autobiography and Literary Essays, in: John M. Robson et al. (Hrsg.): *Collected Works of John Stuart Mill*, Bd.1., Toronto: University of Toronto Press.

Mill, John, S. (1984): Natur, in: John Stuart Mill, *Drei Essays über Religion*, Stuttgart: Reclam, S. 9–62.

Moore, George, E. (1996, 1970): *Principia Ethica*, Stuttgart: Reclam.

Naam, Ramez (2005): *More than Human. Embracing the promise of Biological Enhancement*, New York: Broadway Books.

Nagel, Thomas (1975): *Moral Problems: A Collection of Philosophical Essays*, New York: Harper & Row.

Nestler, E.J. (2002): Neurobiology of Depression, in: *Neuron* 34, S. 13–25.

Nietzsche, Friedrich (1988): Also sprach Zarathustra, in: Giorgio Colli, Mazzino Montinari (Hrsg.): *Nietzsches Werke. Kritische Gesamtausgabe*, Bd. 4, München: dtv.

Nohl, Hans (1993): Involvement of Free Radicals in Ageing: a Consequence or Cause of Senescence, in: *Br. Med. Bull.* 49, S. 653–667.

Nozick, Robert (1974): *Anarchy, State and Utopia*, New York: Basic Books.

Overall, Christine (2003): *Aging, Death, And Human Longevity. A Philosophical Inquiry*, London: University of California Press.

Parens, Erik (1998): Is Better Always Good? The Enhancement Project, in: Erik Parens (Hrsg.): *Enhancing Human Traits*, Washington: Georgetown University Press, S. 1–28.

Parfit, Derek (1986, 1984): *Reasons and Persons*, Oxford: University Press.

Patridge L., Gems D., (2002): Mechanisms of Ageing: Public or private?, in: *Nature Reviews Genetics* 3, S. 165–175.

Pitman, Roger K. et. al. (2002): Pilot Study of Secondary Prevention of Posttraumatic Stress Disorder with Propranolol, in: *Biological Psychiatry* 51, S. 189–192.

Plessner, Helmuth (1981, 1928): Die Stufen des Organischen und der Mensch, in: Günther Dux et al. (Hrsg.), *Helmuth Plessner, Gesammelte Schriften*, Bd. IV., Frankfurt: Suhrkamp.

Pschyrembel (1990): *Pschyrembel Klinisches Wörterbuch*, Berlin, New York: de Gruyter.

Quante, Michael (1994): Natur, Natürlichkeit und der naturalistische Fehlschluß, in: *Zeitschrift für medizinische Ethik*, 40. Jahrg., Heft 4, S. 289–305.

Quante, Michael (2000): The things we do for love. Zur Weiterentwicklung von Frankfurts Analyse personaler Autonomie, in: Monika Betzler, Barbara Guckes (Hrsg.), *Autonomes Handeln*, Berlin: Akademie, S. 117–136.

Quante, Michael (2002): *Personales Leben und menschlicher Tod*, Frankfurt: Suhrkamp.

Ramsey J.J. et al. (2000): Dietary restriction and Ageing in rhesus monkeys: the University of Wisconsin study, in: *Experimental Gerontology* 35, (9–10), S. 1131–1149.

Rawls, John (1993, 1979): *Eine Theorie der Gerechtigkeit*, Frankfurt: Suhrkamp.

Rifkin, Jeremy (1986): *Genesis zwei. Biotechnik-Schöpfung nach Maß*, Reinbek bei Hamburg: Rowohlt.

Rilke, Rainer, M. (1956): Gedichte Zweiter Teil, in: Ernst Zinn (Hrsg.), *Sämtliche Werke*, Bd. 2, Frankfurt: Eurobooks.

Robert Jason. S., Baylis Francoise, (2003): Crossing Species Boundaries, in: *American Journal of Bioethics* 3, S. 1–13.

Roughley, Neil (2005): Was heißt ‚menschliche Natur‘? Begriffliche Differenzierungen und normative Ansatzpunkte, in: Kurt Bayertz (Hrsg.): *Die menschliche Natur. Welchen und wieviel Wert hat sie?*, Paderborn: Mentis, S. 133–156.

Rowe, David (1997): *Genetik und Sozialisation. Die Grenzen der Erziehung*, Weinheim: Beltz.

Scherrmann, Judith et al. (2001): Vagusnerv-Stimulation: Neuer Behandlungsweg therapieresistenter Epilepsien und Depressionen, in: *Deutsches Ärzteblatt 98, Ausgabe 15, S. A-990 / B-820 / C-768.*

Schloendorn, John (2006): Making The Case For Human Life Extension: Personal Arguments, in: *Bioethics*, Vol. 20, No. 4, S. 191–202.

Schöne-Seifert, Bettina (2006): Pillen-Glück statt Psycho-Arbeit. Was wäre dagegen einzuwenden?, in: Johann S. Ach, Arnd Pollmann (Hrsg.): *no body is perfect*, Bielefeld: transcript, S. 279–291.

Schweitzer, Albert (1966): *Die Lehre von der Ehrfurcht vor dem Leben*, Hrsg. von Hans Walter Bähr, München: C. H. Beck.

Seneca, (1999): *Philosophische Schriften*, Hrsg. von M. Rosenbach, Darmstadt: Wissenschaftliche Buchgesellschaft.

Sha, Rashimi (2003): Regulatory aspects of pharmacogenetics and pharmacogenomics, in: *Bundesgesundheitsblatt – Gesundheitsforschung – Gesundheitsschutz*, Vol. 46, No. 10 , S. 855–867.

Siep, Ludwig (2004): *Konkrete Ethik. Grundlagen der Natur- und Kulturethik*, Frankfurt: Suhrkamp.

Siep, Ludwig (2005): Normative Aspekte des menschlichen Körpers, in: Kurt Bayertz, (Hrsg.): *Die menschliche Natur. Welchen und wieviel Wert hat sie?*, Paderborn: Mentis, S. 157–173.

Silver, Lee M. (1998): *Das geklonte Paradies*, München: Droemersche Verlagsanstalt.

Solter D., McGrath J. (1984): Inability of mouse blastomere nuclei tranferred to enucleated zygotes to support development in vitro, in: *Science* 226, 1317–1319.

Spaemann, Robert (1973): Natur, in: Hermann Krings et al. (Hrsg.): *Handbuch philosophischer Grundbegriffe*, Bd. 4, München: Kösel, S. 956–968.

Spaemann, Robert (1986,1980): Technische Eingriffe in die Natur als Problem der politischen Ethik, in: Dieter Birnbacher, (Hrsg.): *Ökologie und Ethik*, Stuttgart: Reclam, S. 180–206.

Stock, Gregory, B. (2004): The Pitfalls of Planning for Demographic Change, in: *Annals of New York Academy of Sciences* 1019, S. 546–551.

Sturma, Dieter (2005): Jenseits der Natürlichkeit, in: Kurt Bayertz, (Hrsg.): *Die menschliche Natur. Welchen und wieviel Wert hat sie?*, Paderborn: Mentis, S.174–191.

Sumner, Wayne, L. (1996): *Welfare, Happiness, and Ethics*, Oxford: Clarendon Press.

Talbot, Davinia, Wolf, Julia (2006): Dem Gehirn auf die Sprünge helfen. Eine ethische Betrachtung zur Steigerung kognitiver und emotionaler Fähigkeiten durch Neuro-Enhancement, in: Johann S. Ach, Arnd Pollmann (Hrsg.): *no body is perfect*, Bielefeld: transcript, S. 253–278.

Taylor, Paul, W. (1986): *Respect for Nature*, Princeton: University Press.

The President's Council on Bioethics, (PBCE) (2002): *Human Cloning and Human Dignity: An Ethical Inquiry*, Washington: Government Printing Office.

The President's Council on Bioethics, (PBCE) (2003): *Beyond Therapy: Biotechnology and the Pursuit of Perfection*, Washington: Dana Press.

Trasher, Adrian et al. (2004): Gene therapy for severe combined immune deficiency, in: *Expert Review in Molecular Medicine* 6, S. 1–15.

Tribe, Laurence, H. (1986,1980): Was spricht gegen Plastikbäume?, in: Dieter Birnbacher (Hrsg.): *Ökologie und Ethik*, Stuttgart: Reclam, S. 20–71.

Tully, Timothey et al. (2003): Targeting the CREB pathway for memory enhancers, in: *Nature Reviews: Drug Discovery*, Bd. 2, S. 267.

Vieth, Andreas, Quante, Michael (2005): Chimäre Mensch? Die Bedeutung der menschlichen Natur in Zeiten der Xenotransplantation, in: Kurt Bayertz

(Hrsg.): Die *menschliche Natur. Welchen und wieviel Wert hat sie?*, Paderborn: Mentis, S. 192–218.

Weindruch, R. et al. (1988): *The Retardation of Ageing and Disease by Dietary Restriction*, Springfield, IL.: Charles C. Thomas.

Wenz, Peter (2005): Engineering Genetic Injustice, in: *Bioethics* 19, S. 1–11.

Wesensten, Nancy Jo et al. (2002): Modafinil vs. Caffeine: Effects on Fatigue During Sleep Deprivation, in: *Aviation, Space, and Environmental Medicine* 75, 6, S. 520–526.

Wilber, Ken (1984): *Halbzeit der Evolution*, Bern, München: Scherz/Barth.

Williams, Bernard (1978): *Probleme des Selbst*, Stuttgart: Reclam.

Wittwer, Hector (2004): Risiken und Nebenwirkungen der Lebensverlängerung, in: Hans Joachim Höhn (Hrsg.): *Welt ohne Tod – Hoffnung oder Schreckensvision?*, Göttingen: Wallstein, S. 19–58.

Worldwatch Institute Report (Hg.) (1992): *Zur Lage der Welt 1992*, Frankfurt: Fischer.

Yesavage, Jerome A. et al. (2002): Donezipil and fight simulator effects on retention and complex skills performance, in: *Neurology* 59, S. 123–125.

Zedlers Universallexikon (1745), Johann Heinrich Zedler (Hrsg.), Leipzig.

Anmerkungen

[1] Farah et al. 2004.

[2] Der Begriff ist natürlich problematisch. Was ist eine Verbesserung? Aus wessen Perspektive wird sie definiert? Diese und ähnliche Fragen werden im Kap. 2.2 erörtert. Ich gehe dort vorrangig davon aus, dass eine Verbesserung durch denjenigen als solche betrachtet werden muss, an dem der Eingriff vollzogen wurde. Das betroffene Subjekt, nicht etwa die Gesellschaft, hat die Definitionshoheit, was eine Verbesserung ist.

[3] The President's Council on Bioethics (PCBE) 2003, 8.

[4] Gesang 2000.

[5] Bohnke 1997, 117.

[6] McKibben 2003,112.

[7] McKibben 2003, 45–49.

[8] Huxley 2003, 217 f.

[9] Bostrom 2005, 206.

[10] Solter, McGrath 1984.

[11] PCBE 2003, 304 f.

[12] Habermas 2002, 112.

[13] Plessner 1981.

[14] Gems 2003.

[15] Zitiert nach PCBE 2003, 49.

[16] Kramer P. 1994, IX–XI, XIX.

[17] McKibben 2003, 42 f.

[18] Süddeutsche Zeitung 06.07.2004.

[19] PCBE 2003, 44.

[20] Sha 2003.

[21] Im Moment kann man nur auf ca. 3 Prozent der bekannten Erbkrankheiten testen und das Geschlecht erkennen.

[22] Diese wird derzeit nur zur Diagnose monogener Erbkrankheiten benutzt.

[23] Vgl. Kollek 2002.

[24] Auch die Mitochondrien beinhalten DNA.

[25] Kollek 1998.

[26] Zur Vertiefung: PCBE 2002.

[27] PCBE 2003, 43.

[28] Thrasher et. al. 2004.

[29] Kitcher 1998, 126.

[30] Gardner 1999.

[31] Gottfredson 1997. Ich werde viele Beispiele in diesem Buch auf Intelligenz beziehen. Das bietet sich nur deshalb an, weil eine Messskala dafür etabliert ist und man so quantitativ gewichtete Beispiele geben kann. Das impliziert aber nicht, dass ich Intelligenz für die allein diskussionswürdige Eigenschaft halte, noch dass ich die gängigen IQ-Maße oder die Generalfaktor-Theorie für empirisch korrekt halte. Das Beispiel dient rein der Veranschaulichung.

[32] Silver 1998, 314 f.

[33] Silver 1998, 324.

[34] Holmes et al. 2005.

[35] Abbott 2005.

[36] Scherrmann, Judith et al. 2001.
[37] Informationstechnologische Implantate, etwa Sender oder chipgesteuerte Geräte.
[38] Rafael Capurro: Ethical Aspects of ICT Implants; HMTL\Ethical Aspects of ICT Implants in the Human Body.htm.
[39] EGE 2005, 11.
[40] Maguire, McGee 1999, Donoghue 2002.
[41] Bothe 1998.
[42] EGE 2005, 30, 33.
[43] Süddeutsche Zeitung, 06.07.2004.
[44] Wesensten et al. 2004.
[45] Yesavage et al. 2002.
[46] Tully 2003.
[47] Süddeutsche Zeitung, 06.07.2004.
[48] PCBE 2003, 246 f.
[49] ZeitWissen 2005, Nr. 2, 75.
[50] Pitman et al. 2002.
[51] PCBE 2003, 256.
[52] Nestler et al., 2002.
[53] PCBE 2003, 276 f.
[54] Farah 2002, 1123.
[55] Ansorge et al. 2004, 879.
[56] Pschyrembel 1990, 2 f.
[57] Talbot, Wolf 2006, 263.
[58] Kramer 1994, 311.
[59] Elliott 1998, 182.
[60] Kramer 1994, 11.
[61] Patridge, Gems 2002.
[62] Gems 2003, 33.
[63] Weindruch et al. 1988.
[64] Ramsey et al. 2000.
[65] PCBE 2003, 200 f., Nohl 1993.
[66] Cawthon et al. 2003.
[67] Huxley 2003, 1991.
[68] Silver 1998, 14–18.
[69] Glover 2006, 81.
[70] Eine Ausnahme: Wenn man lediglich Embryonen selektiert, ist dies schwer als Eingriff in den Körper auszuweisen.
[71] R. Nozick spricht plakativ vom „genetischen Supermarkt". Nozick 1974, 315.
[72] Buchanan et al. 2000, 336, 339.
[73] F. Kamm hat gleichzeitig mit meinen ersten Publikationen zum Thema auf diese Differenz hingewiesen: Kamm 2005, 10. Auch Schöne-Seifert beschränkt ihre Analyse von Enhancement auf moderate Varianten: Schöne-Seifert 2006, 282 f.
[74] Die man wie Prozac nicht nur bei eindeutig „kranken" Menschen einsetzen kann.
[75] Eine Einschränkung dieser Analogie werden wir kennenlernen, wenn wir das „Kumulationsproblem" behandeln, s. u. Kap. 2.8.
[76] Silver 1998, 314 f.
[77] Silver 1998, 18.
[78] Dass darunter eher ein „Slogan" als ein Versuch die biologischen Grenzen der Art zu sprengen zu verstehen ist, betont: Birnbacher 2006, 173.
[79] www.transhumanism.org.
[80] Gesang 2003.
[81] Ausnahmen diskutiere ich im 1. Kpt von Gesang 2003.

[82] Bentham selbst bringt diese Interessen ganz unbedarft ein, wenn er darüber spricht, dass „the displeasure of the people" einen Grund gegen das Strafen darstellen könnte. Bentham 1970, Kap. 13, XVI.

[83] Vgl. Dworkin 1984, Harsanyi 1988.

[84] Ausnahme: Völlig irrationale Interessen, die nicht für Glück, sondern für Frustration sorgen, wenn man sie erfüllt. Da der Utilitarist Glück schaffen will, kann er solche Interessen übergehen.

[85] Hier vorbildlich: Kelly 1990.

[86] Vgl. dazu Kröner 1997, 24 f.

[87] Galton, 1883.

[88] Zumindest in einer utilitaristischen Ethik.

[89] Buchanan et al. 2000, 49. Vgl. oben Kap. 3.6 zur Diskussion um die Existenz dieser Mittel.

[90] Vgl. dazu Brock 1998, 60 f.

[91] Bostrom 2003.

[92] Naam 2005, 56 f.

[93] Harris 1998, 234.

[94] Zitiert nach Fukuyama 2004, 24.

[95] Silver 1998, 14–18, Bostrom 2003, Siep 2005, 168.

[96] Ebenso sieht es: Fukuyama 2004, 33, 222.

[97] Harris 1998, 237.

[98] Vgl. Rawls 1993, 93.

[99] Buchanan et al. 2000, 86.

[100] Silver 1998, 17.

[101] Nur empirische Forschung könnte uns mitteilen, wie unsere mehrheitlichen Präferenzen wirklich aussehen, weshalb ich mich im Folgenden auf leicht spekulativem Boden bewege. Aber diesen Boden kann man in der angewandten Ethik leider nicht umgehen, denn ausreichendes empirisches Material über die vielen Fragen, die uns dort bewegen, gibt es nicht.

[102] DeGrazia fordert dies für solche Techniken, die signifikante Konkurrenzvorteile bringen, allerdings ohne die damit auftretenden Schwierigkeiten zu erörtern: DeGrazia 2005b, 228.

[103] Buchanan et al. 2000, 188, Glover 1984, Kap. 3, Harris 1998, 173.

[104] PCBE, 2003, 317 f., Naam 2005, 68 f.

[105] Lenk 2002, 60.

[106] Bostrom 2003, Naam 2005.

[107] Harris 1998, 236.

[108] „Auf einer Rangliste der für sich selbst am meisten gewünschten Eigenschaften steht Intelligenz an zweiter Stelle, gleich nach Gesundheit." Gottfredson 2003, 24.

[109] Fukuyama 2004, 142.

[110] Zwar könnte auch die Persönlichkeit technisch manipuliert werden, so dass man befürchten könnte, auch diesbezüglich würde dem Skeptiker neue Konkurrenz erwachsen. Aber der schlecht gestellte Skeptiker wird wohl nicht direkt mit den verbesserten Individuen konkurrieren (die streben nach ganz anderen Tätigkeiten), sondern mit den Skeptikern aus dem Mittelfeld, die sich dort nicht mehr behaupten konnten. Deren Persönlichkeit wurde aber nicht verändert.

[111] DeGrazia 2005b, 218.

[112] Vgl. Little, 1998.

[113] Auch das ist nur ein Beispiel und soll kein Plädoyer für grüne Gentechnik sein.

[114] Little, 1998, 173 ff.

[115] PCBE 2003, 177 f., Kramer 1994, 18.

[116] Birnbacher 1988, 152. Vgl. auch Jonas 1979, 70–83.

[117] Vgl. Jonas 1979, 70–83.

[118] Bedenklich hingegen vor diesem Horizont Ronald Dworkins Appell, keine „Feigheit angesichts des Unbekannten" zu zeigen. Dworkin 2002, 446.

[119] Vgl. Beardsley 2003, 33 f.

[120] Dass bestimmte Mittel die Authentizität von Personen eher gefährden als andere, ist unstrittig, gehört aber nicht zu den sozialen Folgen. Vgl. Cole-Turner 1998.

[121] Silver 1998, 297.

[122] Silver 1998, 14–17, 297.

[123] Vgl. Kelly 1990.

[124] Ich danke Sabine Müller für diesen Einwand.

[125] Buchanan et al. 2000, 67 ff., 152.

[126] Vgl. Buchanan et al. 2000, 152.

[127] Vgl. Wenz 2005, 9.

[128] Vgl. Gottfredson 2003, 24.

[129] Wie wichtig es für unsere Gerechtigkeitsvorstellung ist, dass man Nachteile in einem sozialen Subsystem durch Vorteile in anderen ausgleichen kann, diskutiert: Siep 2005, 164.

[130] Was angebracht ist, falls diese sozialstaatliche Regelung absolut unbezahlbar ist, wird im Zusammenhang mit Anti-Aging in Kap. 5.4 Punkt 4. diskutiert.

[131] Zur Debatte um diesen Begriff vgl. Caplan/Engelhardt/McCartney 1981.

[132] Buchanan et al. 2000, 121, Siep 2004, 171, Habermas 2002, 91 f.

[133] Allen D. B. und Forst N., zitiert nach Parens 1998, 6.

[134] Juengst, 1998, 33.

[135] Siep 2005, 166.

[136] Robert, Baylis, 2003, 11.

[137] Vgl. Kap. 3.6 für eine Diskussion über die Existenz solcher Mittel.

[138] So schreibt die Soziologin Linda Gottfredson: „Natürlich gibt es viele Arten von Begabungen (...) welche die Aussichten einer Person auf Glück und Erfolg beeinflussen. Es ist aber die allgemeine Intelligenz (...) die (...) mit großer Wahrscheinlichkeit auch zu sozialer Ungleichheit führt." Gottfredson 2003, 24.

[139] Vgl. Baylis, Robert 2004, 12 f.

[140] Allzweckmittel lassen sich nicht so spezifisch für einen Zweck einer Gruppierung missbrauchen, sondern sie befähigen zu Vielem.

[141] Beauchamp und Faden zeigen, welche Zwänge die Autonomie gefährden und welche nicht. Faden, Beauchamp 1986.

[142] Lediglich bei Eigenschaften wie „Fanatismus" könnte man gut meinen, diese auf egal welche Weise zu vergrößern, müsse allgemein verboten werden.

[143] Buchanan et al. 2000, 176 ff., Siep 2005, 168.

[144] PCBE 2003, 301 f.

[145] Kramer 1994, 7 f.

[146] PCBE 2003, 284 ff.

[147] Hier mag es Zweifel geben, ob dieses Enhancement wirklich radikal ist, wenn man ähnliche Effekte durch Psychotherapie erwarten kann. Aber auch moderate Verbesserungen sind nicht per se unbedenklich, sondern haben lediglich keine fatalen Folgen für Wettbewerbschancen. Bei der Psychotherapie besteht wenigstens keine „maturing out" Problematik, bzw. nicht die Gefahr, eines abrupten Rückfalls in die alte Persönlichkeit nach Absetzung eines Präparats. Insofern kann man die Folgen beider Verfahren sicher nicht einfach gleichsetzen.

[148] Kafka 1970, 56–60.

[149] Fuchs et al. 2002, 103.

[150] Sumner 1996, 38, Griffin 1986, Kap. 1–3.

[151] Übrigens setzt das voraus, den Willen Gottes sehr genau zu kennen, denn er soll ja darin bestehen, dass Menschen etwas Bestimmtes nicht tun. Dass Gott aber auch planen könnte, etwas durch Handlungen von Menschen zu realisieren, wird gar nicht erwogen.

[152] http://www.onlinereports.ch/2002/Schoenheitschirurgie.htm.
[153] Gosepath 1992, 360f., Kusser 1989, 185, 193.
[154] Gosepath 1992, 369. Zu Verbesserungsversuchen an Brandt vgl. Gibbard (1990), Hinsch (1996), 152ff., Kusser 1989, 34–39 und Kusser 1998, 84ff.
[155] Brandt 1979, 115–126.
[156] Bordo 1998, Fuchs et al. 2002, 76f.
[157] Weitere Typen von Wünschen listet Brandt auf in: Brandt 1998. Eine andere Zusammenfassung der Wünsche, die als irrational kritisierbar sind, gibt Gosepath 1992, 375.
[158] PCBE 2003, 238.
[159] Auch DeGrazia meint, nicht die numerische, sondern nur die narrative Identität stehe zur Disposition. DeGrazia 2005a, 267ff.
[160] Quante 2002, 22.
[161] PCEB 2003, 238.
[162] Zu einer Verteidigung Frankfurts gegen die wichtigsten Einwände: Quante 2000.
[163] Frankfurt 1988.
[164] Quante 2002, 172.
[165] Ekstrom 1993, 608. Dass man Kohärenz hier nicht so stark fassen darf, dass die Autonomie verloren geht, sobald man sich auch nur irgendwie inkohärent verhält, betont Quante: Quante 2002, 175–196.
[166] PCBE 2003, 258f.
[167] PCBE 2003, 304f.
[168] Nozick 1974, 42ff., Griffin 1986, 13ff. Zur Kritik: Gesang 2003, 42–48.
[169] Aus: Sports Illustrated, April 1977.
[170] PCBE 2003, 175, Cole-Turner 1998.
[171] So auch: Schöne-Seifert 2006, 285.
[172] Vgl. Agar 2004, 98.
[173] Vgl. Schöne-Seifert 2006, 285.
[174] Agar 2004, 62f.
[175] Cole-Turner 1998.
[176] Kramer 1994, 258.
[177] PCBE 2003, 337f.
[178] Pschyrembel 1990, 2f.
[179] Vgl. hierzu auch: Quante 2002, 320–329.
[180] Caplan 1992, 247ff.
[181] Allerdings wäre zu beachten, dass ein Verbot immer auch Frustration erzeugt und dass diese Frustration mit einzuberechnen ist.
[182] Eine Zusammenschau bietet der am Ende des Buches befindliche Abschnitt „Ergebnisse".
[183] Für einen solchen Vergleich plädiert auch Hare 1990, 378ff. und Birnbacher 1998, 59.
[184] Das Non-Identity-Problem wurde von Derek Parfit aufgeworfen: Parfit 1986, Kap. 16. Vgl. dazu Habermas 2002, 146ff., Birnbacher 1998, 58ff. und Glover 2006, Kap. 2.
[185] Christoph Fehige und Ulla Wessels nennen Vertreter dieser Außenperspektive, die z.B. lieber einen Planeten mit glücklichen Wesen als ein Ödland erzeugen würden, „Rabbits", denn diese behaupten: „Ein Individuum mit befriedigten Präferenzen soll existieren." Fehige, Wessels 1998, 369. Zur Verteidigung der Rabbits: Parfit 1986, 489ff. Das Non-Identity-Problem von Parfit kann man eventuell auch mit der genau gegenläufigen Theorie des Antifrustrationismus so auflösen, dass z.B. geschädigte Kinder sich zu recht beklagen können, obwohl sie ihr Leben als wertvoll betrachten: Fehige 1998, 540.
[186] Parfit 1986, Kap. 16.
[187] Buchanan et al. 2000, 281ff.

[188] Birnbacher 2002, 125 und Agar 2004, 102.

[189] Agar weist darauf hin, dass man mit Gentechnik auch die Möglichkeit erhalten könnte, einengende „natürliche" Gene abzuschalten, was wiederum die Wahlmöglichkeiten erhöht. Agar 2004, 118.

[190] Brock 1998, 55. Dabei sollte man bedenken, dass zu viele Wahlmöglichkeiten Kinder auch überfordern können, so dass *maßvoll* erweiterte Optionen die beste Alternative darstellen dürften.

[191] Mill 1980, 143.

[192] Ebenso: Lenk 2002, 92 f.; Und auch mit Skepsis: Siep 2005, 170 f. Das Gegenteil vertreten Birnbacher 2002, 124, Buchanan et al. 2000, 49, Brock 1998, 55 ff., Hudson 2000, 135, Bostrom 2005, 211 f.

[193] Habermas 2002, 91 ff.

[194] Habermas 2002, 141 f.

[195] Habermas 2002, 142.

[196] Allerdings kann man zugestehen, dass Gesundheit noch eindeutiger ein Allzweckmittel ist als Intelligenz, der man aber diesen Status deswegen nicht absprechen muss.

[197] Beide Anklagen haben das Problem nicht durchdacht, dass man die eigenen Existenzbedingungen nicht ohne weiteres kritisieren kann. Aber beide Punkte lassen sich auch aus der Außenperspektive reformulieren.

[198] Habermas 2002, 138.

[199] Habermas gibt auch andere Argumente, aber hier soll keine vollständige Habermas-Exegese erfolgen.

[200] Habermas 2002, 132 f., 136. Kritisch dazu: Kamm 2005, 11.

[201] Habermas 2002, 107.

[202] Habermas 2002, 148.

[203] Habermas 2002, 77.

[204] Ebenso: Glover 2006, 72.

[205] Auch eine „Versachlichung" des Eltern-Kind-Verhältnisses und eine gesellschaftliche Diskriminierung von Verbesserten als nicht ebenbürtigen Personen wäre unwahrscheinlich, was D. Birnbacher ausführt. Habermas stimmt dem zu. Birnbacher 2002, 123 f., Habermas 2002, 135 f.

[206] Habermas 2002, 139.

[207] Habermas 2002, 140.

[208] Zumal man sowieso diskutieren müsste, ob es nicht auch reversible genetische Maßnahmen geben kann (s. o.). Dass das Habermassche Argument in diesem Fall hinfällig wäre, räumt er selbst ein: Habermas 2002, 144.

[209] Dafür, Erziehung und genetische Eingriffe nach gleichen Maßstäben zu messen plädiert auch: Agar 2004, 121.

[210] Häufig wird es Fälle geben, wo das Interesse der Eltern mit dem langfristigen Interesse der Kinder zusammenfällt. Das sind Fälle von mutmaßlich selbst definiertem Enhancement.

[211] Diese umfassen auch, dass die sozialen Folgen von Verbesserungen unbedenklich sind. Ebenso wurde eine Zulassungspflicht für Präparate und Eingriffe gefordert, vgl. 3.5.

[212] Rifkin 1986, 224.

[213] Aristoteles, Metaphysik, 1014 b.

[214] Vieth, Quante, 2005, 203.

[215] Aber ich glaube auch nicht, dass wir die Natur in diesem Sinne wertschätzen, denn dann müssten wenigstens die unwesentlichen Eigenschaften für technische Manipulationen zur Verfügung stehen. Diese gehören nicht zur Natur der Dinge und sind daher auch nicht durch den Wert der Natur geschützt.

[216] Roughley 2005, 139.

[217] Roughley 2005, 144.

[218] Hume 1978, 211.

[219] Und rein formal fehlt hier eine Prämisse, in der Beschreibungen und Wertungen verbunden werden. Nur in diesem Falle eines „elliptischen" Schlusses kann von einem „Fehlschluss" gesprochen werden. Eine ganz andere Frage ist die, ob bestimmte Prämissen, die Fakten und Werte bzw. Normen verbinden, adäquat sind.

[220] Quante zeigt, dass Brückenprinzipien normativ und deskriptiv begründet werden müssen: Quante 1994, 300 ff.

[221] Hansson, 2003.

[222] Zitiert nach Spaemann 1973, 959.

[223] Katechismus der katholischen Kirche, München 1993, Nr. 235.

[224] Wilber 1984, 45 ff.

[225] Bahro 1987, 241.

[226] Schweitzer 1966, 32 f.

[227] Mill 1984, 33.

[228] Vgl. etwa Moore 1996, 79 ff.

[229] Feinberg 1986, 149.

[230] Tribe, 1986, 50.

[231] Spaemann, 1986, 198.

[232] PCBE 2003, 324 f.

[233] Siep 2004, 29, 255 f.

[234] Der moralische Realist nimmt an, dass Werte zumindest teilweise unabhängig von subjektiven Überzeugungen existieren. Er beruft sich z. B. darauf, dass wir meinen entdecken zu können, dass ein Mord falsch ist. Das konstruieren wir nicht, sondern es tritt uns als objektive Tatsache gegenüber, was sich z. B. auch in unserer Alltagssprache widerspiegelt, die Werturteilen die Eigenschaft, wahr oder falsch zu sein, zuspricht. Zur Einführung: McNaughton 1992.

[235] Siep 2004, 29.

[236] Siep 2004, 259.

[237] Siep 2004, 258.

[238] Siep 2004, 259.

[239] Siep 2004, 46.

[240] Siep 2004, 49 f.

[241] Siep 2004, 248.

[242] Worldwatch Institute Report 1992.

[243] McNaughton 1992, 58.

[244] Frankfurter Rundschau 01.04.2006, S. 16.

[245] Siep 2004, 260.

[246] Siep 2004, 261.

[247] Wenn sie zuträfe, ließe sie sich auch gegen Sieps Position wenden, denn es spricht vieles dafür, dass sich Sieps Kosmos-Werte gerade nicht durchgesetzt haben.

[248] Siep 2004, 246.

[249] Mackie 1992, 54.

[250] Vgl. Heß 1982, 16, Rowe 1997, 263.

[251] Franck 1985, 144 ff.

[252] Fukuyama 2004, 185, vgl. auch Roughley 2005, 147.

[253] Jemand der den Einfluss der Gene vergleichsweise gering einstuft: Lewontin 1992.

[254] Baylis, Robert 2003, 4.

[255] Roughley 2005, 141 f.

[256] Sturma 2005, 178.

[257] Birnbacher 2006, 180.

[258] Heyd 2005, 71.

259 Clausen 2006, 395 f.
260 Clausen argumentiert, dass es im Gewordenen „quasi essentielle" Aspekte gibt, die durch Enhancement gefährdet werden könnten. Allerdings gelingt es ihm nur diese auszuzeichnen, indem er auf Konsequenzen für das „evaluative Selbstbild" des Menschen abhebt. Dahinter verbergen sich aber nur menschliche Interessen. Menschen leiden darunter, wenn sie ihr Selbstverständnis verlieren etc. Eine interessenethische Begründung ist aber keine Begründung durch den Eigenwert der Natur. Clausen 2006, 397.
261 Hoerster 1995, 55–69.
262 Hoerster 2003, 88.
263 Glover 2006, 85 ff.
264 Glover 2006, 87.
265 Eine solche willkürliche Auswahl trifft auch Fukuyama 2004, 178–183.
266 Vgl. auch Roughley 2005, 150.
267 Annas et al. 2002, 162.
268 DeGrazia 2005a, 281.
269 Harris 1998, 207.
270 Agar 2004, 96.
271 Bostrom 2005, 207.
272 PCBE 2003, 166.
273 PCBE 2003, 237; Einen anderen Versuch erstellt: Fukuyama 2004, 185.
274 Dieser Begriff ist – wie der des „Posthumanismus" – eigentlich unpassend, denn selbst Menschen, die Infrarotlicht sehen können, wären noch Menschen.
275 Zur Kritik dieses Konzepts vgl. Hoerster 2002.
276 Das sind primär Selbstbewusstsein, Emotionalität, Gedächtnis, Rationalität, Körperlichkeit.
277 Vgl. Gesang 2003, Kap. 1. Ich nehme an, dass Präferenzerfüllung im Normalfall zu mehr Glück führt, Ausnahmen zugestanden.
278 Gesang 2003.
279 Jonas 1979, 70 f.
280 Die Verletzung dieser Interessen zählt eigentlich zu den sozialen Folgen von Verbesserungen, aber ich behandele sie erst an dieser Stelle, weil es sich hier eben um spezielle Interessen am Natürlichen handelt.
281 Jeremy Rifkin in: Süddeutsche Zeitung, 14.04. 2001.
282 Die Welt, 03.09.2005.
283 Das begründe ich in: Gesang 2003, 56–62.
284 vgl. Dworkin, der externe Präferenzen nicht zulässt und nicht zuletzt aus diesem Grunde ein besonders großer Freund von Verbesserungen ist: Dworkin 1984, 382; und Dworkin 2002, 446.
285 Z. B. auch, in dem Stellvertreterdiskurse abgehalten werden, in denen (repräsentativ ausgewählte) Volksvertreter miteinander und mit Wissenschaftlern diskutieren und ein wohlinformiertes Votum formulieren können.
286 PCBE 2003, 198 f.
287 PCBE 2003, 183.
288 PCBE 2003, 210.
289 Vgl. Wittwer 2004, 22 f.
290 Vgl. auch Horrobin 2006, 287, Fuchs 2006, 362.
291 Wittwer 2004, 58.
292 Glannon 2002, 276. Dass ein transitives Selbstkonzept reicht, um den individuellen Wunsch nach Lebensverlängerung zu begründen, meint: Harris 2004, 531. Williams hat ähnliche Bedenken wie Glannon geäußert. Vgl. dazu: Overall 2003, 155–161.
293 Schloendorn 2006, 198 f.

[294] Vgl. Kap. 3.6.

[295] Süddeutsche-Zeitung-Wissen 18.02.2006, S. 34.

[296] Gems 2003, 36 f.

[297] Fukuyama 2004, 104. Auch die Gründe für eine Altersrationierung medizinischer Maßnahmen würden unter dieser Vorannahme wegfallen, wenn sie auf mangelnde Chancen abzielen, im Alter eine lange Zeit hoher Lebensqualität zu erfahren.

[298] Epikur: Brief an Menoeceus.

[399] Schloendorn 2006, 193 f.

[300] Overall 2003, 104 ff.

[301] Aristoteles, Nikomachische Ethik, 1098 a 15.

[302] Overall 2003, 185. Allerdings will sie nur die durchschnittliche Lebensspanne verlängern: Overall 2003, 198 f.

[303] PCBE 2003, 213, Wittwer 2004, 32 f., Gems 2003, 35.

[304] Wittwer 2004, 32.

[305] PCBE 2003, 217. Zur Kritik dieser Idee: Juengst et al. 2003, 28.

[306] Seneca 1999, 215.

[307] Overall setzt sich ausführlicher mit gleichartigen Klagen von Lukrez auseinander: Overall 2003, Kap. 2.

[308] Williams 1978, 133.

[309] Kass 2001, 21.

[310] Das erkennt letztlich auch der PCBE an, wenn er formuliert, dass die individuellen Vorteile einer Lebensverlängerung deren Nachteile überwiegen können. PCBE 2003, 217.

[311] Gethmann 2005.

[312] Kass 2001, 20.

[313] Nagel 1975, 409.

[314] Vgl. Overall 2003, 124.

[315] Callahan 1998, 134, Gordijn 2004, 166.

[316] Kass 2001, 22.

[317] Kass 2001, 24.

[318] Caplan 2005, 75.

[319] Overall 2003, 56.

[320] Harris 2004, 532 f.

[321] Nietzsche 1988, 93.

[322] Es gibt Tierversuche, bei denen Versuche, die Lebenserwartung zu steigern, gerade mit einer verringerten Fertilität zusammenhingen. Dillin et al. 2002.

[323] Vgl. Harris 2004, 532.

[324] Wenn man die von mir bezogene „Rabbit-Position" (vgl. Kap. 3.6) ablehnt und eine der Gegenpositionen in diesem Spektrum bezieht, wird das Votum noch unproblematischer zugunsten von Anti-Aging ausfallen.

[325] So auch: Stock 2004, 549.

[326] Davis 2004, 538.

[327] Fukuyama 2004, 101.

[328] Zur Schwierigkeit einer Abschätzung dieser Folgen vgl. Gordijn 2004, 178 f.

[329] Stock 2004, 550.

[330] Wittwer 2004, 51 ff.

Sachregister

Namenregister